AF242513

FÉLIX DUPONT

Rédacteur du *Citoyen*.

VOYAGE
A GORITZ

J'ai dit que j'étais la réforme;
on a feint de comprendre que
j'étais la réaction.

LE COMTE DE CHAMBORD.

25 janvier 1872.

MARSEILLE

IMPRIMERIE E. JOUVE ET Cⁱᵉ

36, rue Montgrand, 36.

1880

FÉLIX DUPONT

Rédacteur du *Citoyen*.

VOYAGE

A GORITZ

J'ai dit que j'étais la réforme ;
on a feint de comprendre que
j'étais la réaction.

LE COMTE DE CHAMBORD.

25 janvier 1872.

MARSEILLE

IMPRIMERIE E. JOUVE ET Cie

36, rue Montgrand, 36.

1880

Depuis longtemps, j'étais poursuivi de l'idée d'aller voir celui qui, dans l'opinion de beaucoup de gens, est destiné non seulement à restaurer la monarchie en France, mais encore à rendre la paix à l'Église et au monde.

Je voulais voir l'homme qui sera l'instrument de la Providence dans un avenir prochain, et fortifier auprès de lui ma foi et mes espérances. Il ne fallait pas faire du retard, car les événements se précipitent avec rapidité. La république est à son déclin, et ni l'empire, ni la monarchie bourgeoise ne sont en mesure de recueillir sa succession.

L'empire a commis trop de fautes, et les princes d'Orléans ne consentiront jamais, ils l'ont dit, à prendre la place du chef de leur famille.

La république disparaissant, il ne reste que M. le comte de Chambord.

Cette conviction s'est accrue depuis, dans mon esprit, par la mort du prince impérial, qui donnait de si belles espérances.

et par la lettre impolitique du prince Jérôme sur les décrets du 29 mars, qui a ruiné sa cause dans l'esprit de tous les hommes honnêtes, et peut être considérée comme un suicide moral.

J'ai donc fait le voyage de Goritz au mois d'avril de l'année dernière. J'ai eu l'honneur de voir et d'entretenir M. le comte de Chambord ; ce que j'ai vu et entendu est au-dessus de tout ce que la renommée raconte. Cet écrit est le récit fidèle de mon voyage que je livre au public.

Puisse-t-il éclairer certains hommes prévenus, qui repoussent la monarchie traditionnelle, parce qu'ils ne connaissent que d'une manière imparfaite celui qui en est l'unique et légitime représentant.

Marseille, le 5 août 1880.

VOYAGE A GORITZ

CHAPITRE Ier

DÉPART DE MARSEILLE. — TOULON. — NICE.

MONACO. — GÊNES.

Le 15 avril, à huit heures, par un temps froid et une pluie battante, je me mets en route. La Providence, qui se montre dans les petites choses, m'envoie au dernier moment un bon lazariste, qui fait avec moi le voyage jusqu'à Nice, et dissipe pendant quelques heures l'ennui de ma solitude.

Nous traversons Aubagne, la cité lévitique de l'arrondissement de Marseille, célèbre par ses anciens évêques et l'esprit religieux de ses habitants. Elle s'élève sur un gracieux monticule ceint d'une couronne de remparts, que domine la flèche de sa vieille église. Le chemin de fer en fait le tour, comme pour la montrer aux voyageurs sous toutes ses faces, qui sont fort belles.

Je ne vois ni Cassis ni La Ciotat, noyées dans une atmosphère de vapeur ; la mer est grise et courroucée.

Saint-Cyr, Bandol, La Seyne passent devant mes yeux avec rapidité. La pluie tombe toujours, drue et serrée.

Voilà Toulon avec ses forts menaçants, ses épais remparts, sa rade immense, ses marins et ses communards. Cette ville fait peur. On se rappelle involontairement la proclamation et le règne éphémère de Louis XVII, première et tendre victime de l'enseignement laïque, gratuit et obligatoire que lui donna le cordonnier Simon, la trahison des Anglais, les horribles représailles de la République, et involontairement on frissonne.

A mesure que le train s'éloigne, ces beaux vers de Victor Hugo, sur la mort de Louis XVII, me reviennent en mémoire :

> Où donc ai-je régné ? demandait la jeune ombre.
> Je suis un prisonnier, je ne suis pas un roi.
> Hier, je m'endormis au fond d'une tour sombre.
> Où donc ai-je régné, Seigneur, dites le moi ?
> Hélas ! mon père est mort d'une mort bien amère ;
> Ses bourreaux, ô mon Dieu, m'ont abreuvé de fiel ;
> Je suis un orphelin, je viens chercher ma mère,
>   Qu'en mes rêves j'ai vue au ciel.
>
> Quoi ! de ma longue vie ai-je achevé le reste ?
> Disait-il ; tous mes maux, les ai-je enfin soufferts ?
> Est-il vrai qu'un geolier, de ce rêve céleste,
> Ne viendra pas demain m'éveiller dans mes fers ?
> Captif, de mes tourments cherchant la fin prochaine,
> J'ai prié. Dieu veut-il enfin me secourir ?
> Oh ! n'est-ce pas un songe ? A-t-il brisé ma chaine ?
>   Ai-je eu le bonheur de mourir ?

> Et pourtant, écoutez : bien loin, dans ma mémoire,
> J'ai d'heureux souvenirs, avant ces temps d'effroi ;
> J'entendais en dormant des bruits confus de gloire
> Et des peuples joyeux veillaient autour de moi.
> Un jour tout disparut dans un sombre mystère,
> Je vis fuir l'avenir à mes destins promis ;
> Je n'étais qu'un enfant, faible et seul sur la terre,
>   Hélas ! et j'eus des ennemis.

Hyères, Solliès, Cuers ont perdu tout leur charme sous le manteau de brume qui les recouvre.

Fréjus montre ses ruines, son ancien port aujourd'hui envasé, son arc de triomphe, ses aqueducs, son campanile. Je cherche en vain du regard son palais épiscopal et son séminaire qu'on dit magnifiques. Les aurai-je vus sans les reconnaître, après le brillant tableau qu'on m'en avait tracé ?

Les lames, comme épuisées, ces jours derniers, par les efforts de la tempête, viennent doucement caresser le rivage qui est vraiment beau et mélancolique.

Plusieurs fois le nom d'Agay paraît sur les poteaux ; mais je ne vois ni la cloche ni l'église pour lesquelles j'ai quêté, ni le village lui-même. Agay serait-elle une ville lacustre qui se serait effondrée et dont il ne reste plus que des poteaux portant son nom pour en faire vivre la mémoire ?

Cannes fait un peu de bruit avec ses grandes Anglaises et ses Français désœuvrés rangés en deux lignes sur le quai du chemin de fer, où ils attendent impatiemment le passage du train. Ceux-ci fument des londrès, celles-là hument les parfums de leurs bouquets étonnants comme toute leur personne.

Le spleen les consume. Les uns et les autres reviennent des régates désenchantés, comme des joueurs de Monte-Carlo qui ont perdu leur fortune au trente-et-quarante.

Le Var tumultueux, jaune comme le Tibre, large et capricieux comme la Durance, voudrait nous barrer le passage. Nous bravons ses menaces et sa fureur, et il s'enfuit en rechignant, sous le pont que nous traversons avec fracas.

Voilà Nice la belle. Mon Dieu, qu'elle mérite bien ce nom ! Elle est belle vraiment. Elle s'élève au milieu des jardins. Les orangers, les citronniers, les palmiers lui font une parure éblouissante.

Le lazariste me quitte, et par la portière qu'il vient d'ouvrir entrent précipitamment des joueurs et des joueuses effrénés. Le visage tiré, les yeux enfoncés dans leur orbite et brillant d'un vif éclat, le front plissé, les lèvres pincées, la fièvre peinte sur tous leurs traits, on les dirait possédés du démon.

A Monaco, le train s'arrête. Monaco serait la plus riante oasis de la côte de France sans les joueurs, fanatiques adorateurs du sort. Ceux que nous avons recueillis à Nice descendent promptement et courent à Monte-Carlo, craignant de ne pas arriver assez tôt pour trouver la ruine et le déshonneur. La plupart, sans doute, n'ont pas pris des billets de retour. Car souvent les joueurs ruinés se jettent à la mer ou se pendent au premier arbre qu'ils rencontrent sur leur chemin. A quoi bon faire des frais inutiles ?

La baie de Villefranche est profonde et abritée. On

dirait que les rochers sont coupés à pic au-dessous de l'eau comme au-dessus, et que les plus forts navires pourraient venir s'amarrer au rivage, sans toucher le fond. Deux frégates anglaises, parées de leurs voiles et couronnées de leurs flammes et de leurs drapeaux, se balancent au milieu des flots tranquilles qui reflètent l'azur du ciel.

San-Remo, Albenga, Savone n'ont pour moi point d'attraits. La pluie et la nuit qui arrive les défigurent. Des torrents impétueux descendent des montagnes, emportant tout sur leur passage, sable, pierres, broussailles, et vont se précipiter avec d'affreux murmures dans la mer houleuse et écumante.

Il est onze heures quand nous atteignons Gênes. Je ne puis dire si elle mérite le nom de « superbe » qu'on lui a donné. Je n'ai pu la voir. Ce qui est incontestable, c'est qu'au lieu d'y bâtir, comme au temps de ses doges, des palais étincelants d'or et de marbre, ou des églises monumentales, on n'y élève que des fabriques : fabriques de savon et fabriques d'allumettes chimiques, minoteries et huileries de toutes les façons et pour toutes les graines, depuis le lin jusqu'au sésame. Le territoire de Gênes en est couvert. On ne voit partout que des usines. Dehors la religion et les arts ! Place à l'industrie et à l'abject positivisme !

La gare pourtant est artistique. C'est à la fois un palais, un musée, un temple. Elle est digne de Gênes la Superbe.

A minuit, nous partons pour Florence avec une pluie torrentielle, couvrant par le bruit affreux qu'elle fait en tombant, le sifflement de la machine. C'est le déluge universel qui recommence.

Dans le va-et-vient de l'arrivée et du départ, et pendant le transport des bagages, qui ne finit point, je fais la rencontre de Marseillais qui vont ou qui reviennent. Je n'ai pu les interroger au milieu de la cohue des brouettes charriant les colis. Nous échangeons en passant nos saluts silencieux et nos étonnements de nous trouver, à cette heure tardive, si loin de notre patrie.

CHAPITRE II.

1 6 avril.

Le soleil a fait le quart de sa course quand nous arrivons à Florence. Nous avions pris à Pise un chanoine de Notre-Dame des Fleurs, qui souriait doucement à toutes nos saillies. Il avait grand air ; c'était un peu la tenue ecclésiastique et l'urbanité exquise de nos chanoines et de nos curés échappés à la Révolution, et qui nous ont apparu, dans les commencements du siècle, comme des restes vénérés d'un âge meilleur et surtout plus civilisé que le nôtre. Il m'a appris une foule de choses dignes d'intérêt sur Florence, ses prêtres et ses fidèles. J'ai su par lui que le chapitre de Notre-Dame des Fleurs, jusque dans ces derniers temps, venait au milieu de la nuit chanter matines, comme on le fait dans les ordres religieux les plus fervents. Cet office nocturne a été supprimé pour des raisons particulières. Mais, chaque jour, à six heures du matin, les chanoines sont au chœur, chantent matines, et au nom de tous les fidèles de la ville et du diocèse de Florence, remplissent le grand devoir de la prière publique.

Les saints évêques qui, depuis les premiers siècles, ont gouverné l'Eglise de Florence, y ont laissé l'esprit de foi et de piété dont ils étaient animés. On dirait que saint Antonin est encore là, animant tout de son souffle, et donnant à ses prêtres et à son peuple l'exemple de toutes les vertus.

A peine remis des fatigues de ce long voyage, je cours à Santa Maria Novella, qui est en face de l'hôtel où je suis descendu. C'est à la fois une architecture élégante et sévère, gracieuse et gigantesque. C'est un style gothique à part et comme le style architectural de Florence.

Que ce temple est vaste, qu'il est léger ! Quelle hardiesse dans ces voûtes, dans ces murs, dans ces arceaux, dans ces piliers qui divisent les nefs ! On dirait que cette architecture, ne reposant sur rien, va s'écrouler au premier souffle de la tempête. Que de fresques, que de tableaux admirables ! Le pinceau de Giotto, de Cimabue, de Michel-Ange et d'Orgagna a épuisé ici sa mâle vigueur, ses grâces et son coloris ! Les murs de cette église étalent des merveilles devant les yeux étonnés du voyageur, qui ne sait ce qu'il doit admirer le plus.

Après avoir longtemps contemplé, admiré, savouré, étudié et prié, je vais au dôme. Là, je suis écrasé sous le poids du génie qui éleva ce temple magnifique à la gloire du Dieu tout puissant, et de sa douce mère, l'auguste Vierge Marie, Notre-Dame des Fleurs ou de la Fleur, la *Madona del fiore*. Sans doute, cette fleur est celle qui vint éclore, brillante de tout l'éclat de la divinité, sur la dernière branche de la tige de Jessé.

Vue du dehors, la coupole est une montagne de marbre qui, un jour, s'est élancée vers les cieux, avec art et mesure, à la différence des autres montagnes produites par un jet de la nature. La nature, qui est l'ouvrage de Dieu, a son art, elle aussi, et sa mesure ; mais ce n'est pas l'art de l'homme.

On a comparé la coupole de Notre-Dame des Fleurs à celle de Saint-Pierre de Rome. Elle est peut-être plus hardie, si elle est moins élégante, privée de cette couronne de colonnes géminées qui donne tant de noblesse à la coupole de Saint-Pierre.

Quel coup de maître dans ces deux ogives immenses et uniques au monde par où se terminent les nefs latérales qui vont, en biaisant, se perdre sous la coupole ! L'homme qui a conçu cet admirable accord d'arceaux et de lignes fut un grand génie. C'est Brunelleschi, dont le nom vivra éternellement.

Le style du dôme est, à peu de chose près, celui de Santa Maria Novella. Il est peut-être plus sévère encore. Il va jusqu'à l'austère. Ici, point de mosaïques, point de fresques, point de tableaux, point de marbres, point de dorures. Des arceaux immenses, des ogives aux pointes aiguës comme des lances, qui vont se perdre dans l'espace, volontiers je dirais dans les nues, c'est tout. L'homme est bien petit sous ces voûtes. Il se sent plus petit encore sous la main de Dieu et en sa sainte présence qui remplit le temple.

Le baptistère, qui est en face du dôme, a des détails de sculpture, de peinture et de mosaïque à l'infini. Ce qui manque à Notre-Dame des Fleurs se retrouve en son baptistère. Quelles belles statues de bronze ! quelle noblesse et quel naturel ! Ce Saint-Jean-Baptiste est bien tel qu'il devait être lorsqu'il prêchait sur les bords du Jourdain, et qu'appuyé d'une main sur la croix de Jésus, ornée de la banderolle de la résurrection, il montrait, de l'autre, l'agneau de Dieu qui efface les péchés du monde.

Les trois portes du baptistère pourraient être celles du paradis, comme on l'a dit, si le paradis avait des portes. Ce bronze n'a pas été coulé. Peut-être ce n'est pas du bronze, mais de l'argile ou de la cire peinte en bronze. Ces petites figures si fines, si exquises, si animées, si parlantes, si achevées dans leurs moindres détails, n'auraient pu être fouillées ainsi, si elles n'étaient en cire. La chose est évidente.

Le campanile est ce que l'on peut voir de plus délicat, de plus élancé, de plus ferme, de plus hardi.

Du dôme, je vais à Santa-Croce, qui est le panthéon des grands hommes de Florence. Là, en des tombeaux superbes, reposent Machiavel, Galilée, et une foule d'autres, chrétiens jusqu'aux dernières profondeurs de leur âme, et qui seraient bien étonnés, s'ils revenaient sur la terre, qu'on essaye de les faire passer pour les ancêtres de la libre-pensée.

Saint-Marc où Savonarole a vécu, prié, écrit, tonné, souffert et régné, m'émeut. Je ne m'arracherais pas de cette petite église, si attachante par ses souvenirs et si riche en objets d'art, si un gardien sévère, *un buzurro*, sans doute, ne m'obligeait de sortir en faisant un bruit de tous les diables avec son grand trousseau de clefs. S'il y avait à Florence les portes de l'enfer, comme il y a celles du paradis, au baptistère, il en serait le digne gardien.

Après le déjeûner, visite au palazzo Vecchio et au palazzo Pitti, peu éloignés l'un de l'autre. L'architecture en est élégante et originale. Que cet arceau du fond de la place, soutenu par des colonnes sveltes et s'ouvrant sur l'Arno, se détache bien sur l'azur du ciel et comme il fait rêver ! Que cette tour brunie par le temps s'élance puissamment vers le ciel et domine tout de sa masse élégante ! On ne peut regarder longtemps la vigie qui la surmonte sans avoir le vertige. Que doit-on ressentir là-haut, quand on a toute la ville de Florence à ses pieds avec ses palais, ses églises, ses coupoles, son campanile ?

Les mille riens, les tableaux, les tapisseries du Musée, sont tout ce qu'il y a au monde de plus varié, de plus délicat, de plus riche, de plus éblouissant. Mais les tableaux de Raphaël, qui abondent, à eux seuls valent tout le Musée, bien qu'il soit immense. Peut-être le jugement que je porte est excessif; mais il me semble que la *Vierge à la Chaise*, si vigoureuse de trait et de carnation, si expressive dans son regard et son doux sourire de mère, vaut, à elle seule, les autres tableaux de ce grand maître.

La Vierge semble dire à toutes les mères qui la regardent, en pressant contre son cœur le divin enfant :

« Voyez si vous avez des enfants si beaux, si ravissants, si aimables, si dignes de l'amour d'une mère !
Cet enfant fait mes délices, il enivre de joie mon âme. »

C'est le contraire de ce qu'elle exprimait aux pieds
de la croix, quand s'adressant à tous les chrétiens, à
tous les hommes rachetés par le sang précieux qui fut
versé au Calvaire, elle poussait ce cri déchirant : « O
vous qui passez par le chemin des larmes et de la
souffrance, arrêtez-vous un moment et dites-moi s'il
est une douleur qu'on puisse comparer à la mienne ! »

J'ai vu, à Florence, des religieux, des prêtres, des
laïques, des patriciens, des bourgeois, des hommes du
peuple, des pauvres. Tous sont fatigués et appellent
l'heure de la délivrance. L'Italie a trouvé la ruine
dans l'unité. Elle a perdu ses souvenirs glorieux et,
avec eux, ce qui la remplissait de joie et faisait son
orgueil dans le passé, sans lui donner, au temps présent,
l'aisance, le repos et la sécurité. Elle a sacrifié un
bonheur réel pour des chimères dangereuses.

CHAPITRE III.

LES APENNINS. — BOLOGNE. — FERRARE.

17 avril.

J'ai été heureux de dire la messe au dôme et à l'autel de Notre-Dame des Fleurs. Beaucoup de recueillement et de piété dans l'assistance et nombreuses communions. A Florence, comme dans toutes les grandes villes de l'Italie, on signale un retour bien marqué aux anciennes croyances. Partout s'accroît, de jour en jour, l'horreur du peuple pour ces rêveurs égoïstes qui s'enrichissent à ses dépens, qui lui prennent son argent, son travail, son repos, et ne lui donnent, en retour, que des mots vides de sens : progrès, civilisation, lumières, unité de l'Italie, humanité, solidarité des peuples. L'homme ne vit pas de mots, mais de réalités, que ces réalités donnent une pâture à notre corps, ou qu'elles la présentent à notre cœur ou à notre esprit, qui existent réellement, eux aussi, et ne vivent, pas plus que notre corps, de rêves et de chimères.

A neuf heures, départ de Florence après force gratifications distribuées à droite, à gauche, partout. Une dame de Florence, très bien apprise, monte en wagon avec nous, paraissant heureuse de se trouver dans une société chrétienne. Malgré son âge, elle paraissait avoir la timidité de l'enfance. Cette dame doit être pieuse à l'excès, car elle n'a cessé de prier depuis Florence jusqu'à Bologne. La piété et la timidité vont bien partout, même en chemin de fer, où les femmes trop savantes et trop parlantes finissent par être fatiguantes. Celle-ci allait à Rimini voir sa fille et sa petite-fille, enfant de trois ans, la plus accomplie qu'on eût su voir. Elle était belle comme le jour, vermeille comme l'aurore, fraîche comme une rose de mai, tranquille comme le Pensoroso, forte comme le *Moïse* de Michel-Ange, douce, aimable et gracieuse comme un ange, du moins à ce que disait sa grand'mère. Car si les mères aiment éperdûment leurs enfants, les grand'mères en sont folles.

Nous laissons Prato, patrie du cardinal de ce nom, l'un des plus sages conseillers de la papauté, au moyen-âge, renommée pour ses belles éditions et ses représentations de la Passion, qui ne le cèdent pas à celles d'Obérammergau (Bavière), et qui ont lieu à certaines époques. Lorsqu'elles sont données, elles attirent des foules innombrables. Nous avons recueilli de nombreux pèlerins qui étaient venus de loin assister à ces fêtes.

Puis, c'est Pistoie, dont l'évêque, imbu de faux principes, ce qui est pire que l'ignorance la plus profonde, fit tant de mal, au siècle dernier, par son jansénisme et son bizarre synode transformé en concile œcuménique. Il singeait d'une manière ridicule nos évêques français Mgr Pavillon et le cardinal de Noailles.

Tout le mal qui s'est fait en Italie depuis deux siècles vient de la France. L'Italie est belle, elle est grande, elle est noble quand elle ne prend conseil que d'elle-même, et qu'au lieu de copier les nations voisines, elle donne un libre essor à son génie, qui est l'amour des arts et la direction de l'humanité par Rome, capitale de l'univers, et par ses pontifes vicaires de Jésus-Christ.

Tu regere imperio populos, Romane memento.

Pourquoi dépose-t-elle son sceptre et sa couronne de reine, pour se mettre à la suite des autres comme servante, comme esclave ?

Mon Dieu, les belles campagnes ! Quelle verdure ! quel riche territoire ! quelle fécondité ! quels blés, quelles vignes ! mais surtout quels hommes robustes cultivent cette terre ! L'Italie, et surtout la Toscane, est bien cette terre fertile en tout, surtout en hommes : *terra ferax virûm !*

Nous nous engageons, quand nous avons laissé Pistoie, dans les gorges étroites des Apennins, montagnes abruptes couvertes de chênes et de broussailles. Les souterrains sont nombreux et interminables ; de longues files de brebis suivent les sentiers scabreux qui mènent, par mille détours, aux pics les plus élevés. Le troupeau vient de boire au ruisseau d'azur et de lait, qui coule harmonieusement au fond de la vallée sur des pierres qu'il lave et qu'il polit. Des cascades retentissantes se précipitent de rocher en rocher, et se déroulent, comme des rubans de satin, sur le granit couleur de pourpre.

Ces pâtres, ces ouvriers, ces laboureurs, ces hommes si fermes, ces femmes si vigoureuses que nous voyons là-bas, sont de granit comme leurs montagnes. Sur le chemin poudreux qui borde la rivière, quels sont ces enfants à cheval sur des ânes robustes qu'ils mènent sans bride, et en les touchant du pied seulement ? Il faut que les ânes des Apennins soient plus dociles que les autres, ou que les enfants soient bien exercés.

La foi de ces populations est aussi vigoureuse que les corps des hommes. Nous avons pris, à Vergara, un riche paysan qui allait à Bologne avec son fils. Il m'a parlé de l'unité de l'Italie, de l'annexion des Romagnes et de la sécularisation des Etats du Saint-Siége comme le ferait un Père de l'Eglise. Il regrettait beaucoup le gouvernement des cardinaux-légats, qui était paternel au-delà de tout ce qu'on saurait dire. Certainement des abus existaient, mais il y en a partout, excepté dans le gouvernement du royaume des cieux. Les abus du pouvoir temporel étaient préférables à ce qu'il y a de plus parfait dans l'unité de l'Italie. Les papes avaient une grande qualité que le paysan, l'ouvrier et le pauvre apprécient beaucoup : c'était de ne pas laisser mourir de faim les populations qui vivaient sous leur sceptre béni, ou plutôt sous leur houlette de pasteur. Chacun avait de quoi manger, chacun vivait. Aujourd'hui, tous meurent de faim. « Florence, me disait le Romagnol, vient de perdre 80 millions dans la banqueroute, et si l'on veut, dans la mangerie de sa municipalité. L'Italie, en 20 ans, a englouti 12 milliards, qu'elle a convertis en dettes, et dont chacun de nous paye sa quote-part d'intérêt. C'est environ 600 millions par an qui nous ont été escroqués, sans profit pour personne. Ceux qui nous ont pris notre argent ne l'ont pas gardé, car ils ont les mains percées. Tout s'est gaspillé en orgies. L'unité de l'Italie a été un festin de Balthazar qui dure encore, et où l'on boit dans les vases sacrés de la Maison de Dieu.

« Le fisc est insatiable; toutes les années, ce sont de nouveaux impôts que l'on décrète. On peut nous comparer à des brebis à qui le berger enlève toute leur laine quand les chaleurs arrivent. Les revenus de la terre, pour le colon, sont divisés en trois parts : une pour le fisc, l'autre pour le maître du sol, la troisième pour le travailleur. L'Italie est fatiguée d'un pareil régime. Une explosion des gens de la campagne, depuis le détroit de Messine jusqu'au Tyrol, est imminente. »

Ce brave homme m'a causé une joie qui n'est pas tout à fait conforme à l'Evangile, mais qui paraîtra excusable à certaines personnes, lorsque me montrant du doigt, à gauche, une villa qui appartenait autrefois au marquis de Pepoli, il m'a appris qu'il était entièrement ruiné.

Personne ne plaindra ce traître, instigateur de la révolte dans les Romagnes.

A mesure que nous nous éloignons des Apennins, la plaine s'étend et devient ravissante. La légation de Bologne, sous le sceptre pacifique des papes, a toujours été considérée comme une des terres les mieux cultivées de l'Italie.

Il est midi quand nous arrivons à Bologne, ville grande, lettrée, commerçante, remuante et même révolutionnaire. Elle fut autrefois le centre des ventes et des loges franc-maçonniques. Mais elle commence à redevenir catholique et guelfe. Elle commence, ce n'est pas fait encore, malgré la peine que se donne le chevalier Aquaderni. Certainement Bologne jouera un grand rôle à la prochaine restauration. Je salue de loin l'église où, dans un splendide sarcophage de marbre, est gardé le corps de saint Dominique, et je contemple avec admiration les deux tours penchées qui font l'étonnement de tous les voyageurs. Peut-être ferais-je bien d'aller voir de près les choses, mais on a tant parlé, dans ces derniers temps, de sociétés secrètes, de complots et de coups de poignard, que malgré toute la sympathie que m'inspire Bologne, je préfère la voir de loin. Un événement bizarre qui vient de se passer à côté de moi, n'a pas peu contribué à me confirmer dans mes craintes.

Deux jeunes Français voyageaient pour leur agrément et leur instruction. Ils trouvèrent l'un et l'autre dans un Italien dont ils firent connaissance à Florence. C'était un descendant en ligne directe de Moussiou

Polichinelle. Il était gai, causeur, spirituel, charmant. Tous les trois ont ri tant et tant, qu'au moindre arrêt que faisait le train nous les entendions éclater. C'était à mourir d'envie de voyager en si bonne compagnie. Les joyeuses farces de l'Italien auraient égayé un mourant.

Mais ce *buffone* était plus sérieux que ne l'avaient cru les bons jeunes gens qui avaient mis en lui toute leur confiance. Il aimait les bourses bien lourdes autant que les plaisanteries légères. Au moment où l'un de ses deux compagnons de route contemplait la beauté du paysage, l'Italien glissa furtivement dans son gousset deux petits doigts bien effilés et en fit sortir un adorable porte-monnaie d'ivoire enflé de pièces d'or. Le volé ne s'aperçut de la chose qu'à Bologne, où un jeune Romagnol vint nous offrir des oranges et des gâteaux rangés avec ordre sur une soucoupe de cristal, qu'il tenait en équilibre sur sa main gauche, en l'élevant jusqu'à l'épaule. Les oranges étaient si belles et l'enfant si gracieux, que le voyageur mit la main à la poche pour payer les pommes d'or. O surprise ! ô douleur ! le porte-monnaie s'était envolé. Les jeunes gens poussèrent des cris de fureur qui contrastaient singulièrement avec leurs joyeux ébats de tout à l'heure. Deux pacifiques gendarmes assis à la porte de la gare sont appelés. Ils accourent, empoignent le voleur, le fouillent, lui font rendre gorge, promettent à ses compagnons de route de le faire punir sévèrement. Le train partit, et les deux jeunes gens durent conclure de cette aventure que le proverbe est bon, qui donne au sage le conseil de se méfier de tout inconnu. Et parmi les inconnus, ceux qui rient sont plus dangereux que ceux qui pleurent.

Mais à côté du mal il y a toujours le bien, et en Italie comme ailleurs, la proportion des voleurs avec les honnêtes n'est guère que d'un pour cent. C'était la saison des pluies et je m'étais *muni, par bonheur, contre le mauvais temps.* Un prosaïque parapluie avait été joint à ma valise. Au changement de wagon qui eut lieu à Bologne, le ciel était si pur et le soleil si chaud, qu'oubliant la pluie et le mauvais temps, je ne pris que ma valise. Un quart d'heure après, le soleil venant à se voiler d'un nuage noir, je me souvins de ma méprise et je courus au bureau de gare. Le commissaire me dit que si je reconnaissais mon wagon, nos recherches pourraient aboutir. Je me souvins que le wagon qui m'avait amené de Florence à Bologne était interdit aux fumeurs par cette inscription catégorique : *E proibito il fumare.* Un malin avait gratté l'*f* et transformé l'*u* en *a*, de sorte qu'on avait cette défense grotesque : *E proibito il amare.* Ce ne pouvait être qu'un misanthrope qui eût imaginé cette triste devise. Mon wagon fut bientôt reconnu ; sur l'étagère en filet, les voyageurs qui allaient partir pour Rimini, Forli, Ancône et autres lieux, avaient empilé une pyramide de valises, de cartons et de victuailles. J'envoie la main dans ce fouillis et je trouve mon parapluie. Je ne pus m'empêcher de rendre hommage à la fidélité italienne, et je ne pourrais appliquer aux Bolonais et aux Florentins ce que Pasquin disait autrefois de nous : *Tutti i Francesi sono ladri. — Non tutti, ma buona parte.*

Le départ a lieu à une heure. Autour de Bologne, la campagne est un immense jardin. Mais peu à peu, et à mesure qu'on s'éloigne, les marais apparaissent, ainsi que les larges tranchées par où les eaux trop abondantes s'écoulent. Ferrare n'est pas éloignée. La voilà qui se montre au bout de l'horizon comme une longue ligne uniforme.

Je fis mon entrée à Ferrare petitement, comme le Tasse. De jeunes radicaux, espoir de la jeune Italie, me regardent de travers, prêts à me dévorer, en ma double qualité d'ecclésiastique et de Français. *Terribilibus oculis, considerabant me.*

Le palais des ducs de Ferrare, tout en briques, avec ses quatre grandes tours couronnées de machicoulis et entourées de larges fossés où des barques se promènent à l'aise, captive mon attention avec son architecture romane. Ce centre, autrefois si brillant, de lettrés et de politiques, où jetèrent pendant de longs siècles un si vif éclat les princes de la maison d'Este, et après eux, tant de cardinaux illustres dans l'histoire de l'Eglise, est aujourd'hui une grenouillère tapageuse. C'est le progrès moderne, c'est la civilisation entendue à la manière des révolutionnaires !

Je n'ai pas voulu voir la prison du Tasse. Toutes les prisons, même celles des grands hommes, me font peur.

Je salue en passant la grande figure de Savonarole, à qui on a élevé, après quatre siècles d'ingratitude et d'oubli, une statue qui est du reste fort belle et fort artistique.

Du haut de son bûcher, Savonarole reproche ses crimes au peuple versatile qui le maudit après l'avoir acclamé.

Le portail de la cathédrale est d'architecture romane. Il est d'une richesse de détail et d'un fini incomparables. La tour, avec ses puissantes colonnes qui soutiennent les divers étages, a été bâtie par les Hercules dont le nom se trouve gravé partout. Ce sont les Hercules de la maison d'Este. L'intérieur du temple ne répond pas à la façade et à la tour. Des hommes sans goût, il y en a en Italie comme en France, l'ont déformée en croyant l'embellir. Le badigeon a fait son œuvre là comme ailleurs. Cependant les deux anges qui, à droite et à gauche de la grande porte, donnent de l'eau bénite aux fidèles au moyen de ces conques suspendues élégamment à leur cou par des rubans de marbre, méritent l'attention. C'est ingénieux, c'est gracieux et piquant.

J'admire les deux églises de la Madona del Vado et de Saint-Benoît, riches de tableaux, de fresques, de marbres, de dorures et de souvenirs.

A six heures, le départ a lieu en société de jeunes étudiants chrétiens, bien élevés et dévoués à l'Eglise et au Pape. Nous faisons ensemble un chorus de malédictions contre le roi Humbert et ses ministres, qui chatouillerait désagréablement leurs oreilles, s'ils pouvaient nous entendre.

Voilà le Pô, aussi large, aussi majestueux que le

Rhône, mais plus régulier et moins tumultueux. C'est une majesté tranquille. Le pont qui le traverse a 400 mètres de long.

Le soleil vient de se coucher. Il jette sur le Pô, qui va se coucher, lui aussi, dans la vaste mer, un reflet de tristesse.

Voilà l'Adige, moins large que le Pô, mais qui a, comme l'ancien Eridan, ses souvenirs et ses fastes glo= rieux.

Les marais nauséabonds s'étendent de plus en plus ; de toutes parts, les joncs aigus hérissent la surface de l'eau. L'ennui commence à me gagner. On voit des steppes interminables, sans un toit de chaume, sans un homme qui revienne des champs, sans un bœuf qui laboure ou un mouton qui paisse. Par intervalle, on aperçoit au loin une lampe qui brille un moment, semblable à un feu follet, et disparaît aussitôt derrière l'herbe épaisse. Peut-être c'est le fanal d'une voiture attardée que la nuit a surprise dans ce désert et qui se hâte de regagner son gîte. Peut-être c'est un ministre du Seigneur, un pauvre prêtre qui, entouré de quelques enfants qui étendent sur sa tête et sur le Dieu d'amour qu'il porte dans ses mains la soie blanche de *l'ombrellino,* va porter les consolations suprêmes à un vieillard, à un mourant, ignoré de tous, dans son humble chaumière.

A neuf heures et demie, j'arrive à Padoue, une des plus anciennes cités de l'Italie et du monde. Elle fut, dit-on, fondée par le troyen Anténor. Tite-Live naquit dans ses murs. Elle est, depuis de longs siècles,

le siége d'une université célèbre. Et pourtant, elle
est plus illustre dans l'univers entier par l'humble
moine dont elle possède le tombeau, et qui la couvre
de gloire plus que tous les grands hommes qu'elle a
produits, sous le nom mille fois béni d'Antoine de
Padoue.

CHAPITRE IV

18 avril.

A cinq heures, les grandes cloches de Saint-Antoine m'éveillent. Je cours à la basilique. La place qui l'environne est immense. Elle est couverte de larges dalles, d'une extrémité à l'autre. Des maisons à l'architecture uniforme l'entourent comme un cloître.

La façade de la basilique est formée de cinq ogives, que surmontent un gracieux triforium et un fronton divisé par des lignes harmonieuses. L'entrée du couvent des moines franciscains est à côté de l'église, à droite. Au dessus des nefs et du transept s'élèvent de larges coupoles et des clochers sveltes comme des minarets, qui donnent à la basilique de Saint-Antoine un caractère tout à fait oriental. Ce n'est pas encore la région de Sainte-Sophie et du Saint-Sépulcre, mais on s'en rapproche.

L'intérieur du temple est imposant. De lourds piliers portent une voûte immense et séparent les nefs

latérales de la grande nef, qui est en effet bien grande.
Des tombeaux de marbre richement sculptés sont adossés aux piliers. Je comprends qu'une foule de morts illustres aient voulu attendre l'heure de la résurrection de la chair près du tombeau de saint Antoine, se confiant en ses mérites, qui sont aussi grands que son pouvoir auprès de Dieu.

Le sanctuaire est tout en marbre. Des stalles sculptées avec art l'entourent. Le grand autel est orné de statues de bronze qui s'élèvent entre des chandeliers gigantesques. Des chapelles rayonnantes entourent le sanctuaire, dont elles sont séparées par une galerie circulaire, à la voûte élancée.

Au chevet de la basilique est la chapelle du trésor, fermée par une grille en fer. Elle est ornée de bronzes dorés et de peintures. Dans l'une des armoires du fond est gardée, en un riche reliquaire, la langue encore intacte du saint. Cette langue est toujours vivante. Elle parle encore, elle fait des miracles comme au temps de saint Grégoire IX, et elle est toujours cette arche du testament à laquelle nul ne peut toucher sans être aussitôt frappé de mort. Il y a deux ans, un jeune homme de vingt ans se permit de rire du saint, en voyant passer une procession où l'on portait sa langue. Nouvel Oza, il fut frappé de mort en présence de tout le peuple.

Je parle de saint Antoine comme on le fait à Padoue, où on ne l'appelle que le saint, parce qu'il est le saint par excellence : *Andiamo al Santo, la via del Santo, la piazza del Santo.*

Dans le transept, à droite, on voit l'autel de la Très-Sainte Vierge, entouré de colonnes en marbres, de bronzes et de peintures. De l'autre côté est l'autel du saint, qui s'élève sur une estrade en marbre où l'on arrive par une large rampe bordée d'élégants balustres. Cet autel est d'une richesse inouïe. Chandeliers, croix, tableaux d'autel, urnes, fleurs et tabernacle, tout est d'argent. Derrière l'autel, au milieu de candélabres ciselés avec art, se dressent trois statues de bronze d'un travail exquis : ce sont saint Antoine de Padoue, saint Bonaventure et saint Louis de Brignoles. La tête de saint Antoine est entourée d'un nimbe orné de pierres précieuses. Les traits de son visage respirent la modestie et la candeur des anges. J'ai été heureux de trouver à ses côtés, partageant les hommages que des foules de pèlerins lui rendent, un de mes compatriotes, saint Louis de Brignoles. Il m'a semblé qu'en lui je retrouvais la patrie absente, Marseille et la Provence, si chères à mon cœur.

J'ai dit la messe sur le tombeau du saint, à qui j'ai recommandé, dans un long memento, tous ceux que j'aime. Une odeur suave est répandue autour de l'autel, symbole de la bonne odeur de Jésus-Christ, qu'exhala, partout où il remplit son ministère, le saint jeune homme qui vint terminer à Padoue, à l'âge où d'autres commencent, la mission que Dieu lui avait confiée.

La sacristie est la plus artistique qui soit au monde. On y voit des tableaux, des fresques, des incrustations, des boiseries, des pierres sépulcrales et des inscriptions de tous les âges. On dirait un musée. La basilique de Saint-Antoine, avec toutes ses dépendances, est une sorte de poëme épique. Celui qui en raconterait l'histoire, et ajouterait aux récits et aux descriptions un album qui en serait l'explication naturelle, rendrait un grand service aux arts et à l'Eglise.

La vie de l'Eglise éclate dans ce temple auguste avec toute sa puissance d'immortalité. Les foules y accourent, comme au moyen-âge, de tous les points de l'Italie et de l'Allemagne. Les nombreux confessionnaux qui entourent le chœur, sont assiégés à toutes les heures du jour, et à chaque messe qu'on célèbre les communions abondent.

J'ai de la peine à m'arracher de ce temple, et volontiers j'y prierais jusqu'au soir. Mais le temps presse, toutes mes heures sont comptées, il faut partir. J'ai voulu voir l'église de Sainte-Justine, qui est gigantesque. Il me semble que le goût a un peu manqué dans les détails de l'architecture et de l'ornementation. Ce qui manque davantage encore, ce sont les pieux visiteurs, qui vont tous à Saint-Antoine.

Padoue, que je traverse, est une ville qui a des charmes. Ses rues sont bordées de galeries de toutes les époques et de tous les styles, lombardes, byzantines, gothiques, avec des colonnes et des piliers à l'avenant. En temps d'orage, on peut parcourir la ville presque entière, sans être mouillé.

De Padoue à Venise, la distance n'est pas grande. Nous venons de partir à peine, et déjà les marais se montrent avec leurs joncs épais. Puis ce sont des étangs, enfin c'est la mer avec ses îles et ses lagunes inhabitées, et au-delà de cette plaine d'eau, triste et désolée, apparaît tout à coup Venise, avec ses coupoles, ses campaniles, ses églises et ses palais presque innombrables. L'aspect est ravissant. C'est un mirage et une vision. C'est un spectacle qu'on a contemplé une fois ou deux dans sa vie, mais en songe seulement. Car la réalité semble impossible. Venise peut être comparée à cette ville flottante où les Athéniens devaient trouver leur salut, suivant l'oracle, quand l'armée de Xerxès envahit la Grèce.

Des cris de joie s'échappent de toutes les poitrines, des applaudissements éclatent, tous les voyageurs se lèvent pour saluer Venise, la ville aux grands souvenirs.

Le pont qui relie la terre ferme aux lagunes fait entendre de sourds mugissements sous le poids du train qui le traverse. Nous sommes arrivés ; nous voilà sur la rive du *Canal grande*. Un beau soleil de printemps anime et colore les marbres, les statues, les colonnes, les palais qui bordent le canal. Notre gracieuse gondole, peinte en noir et or, glisse sur les flots plus qu'elle ne les fend de sa proue aiguë comme la pointe d'une flèche. D'autres gondoles viennent en foule coudoyer la nôtre, allant, venant, retournant, se croisant dans tous les sens. Devant nous s'élance hardiment le Rialto, ce pont célèbre qui a vu tant de choses. Il est tout en marbre blanc, avec des galeries et des arceaux d'un grand effet. Son élévation au-dessus de l'eau est telle, que les navires, avec leurs mâts et leurs voiles, passent dessous.

Le gondolier prend à gauche, et à travers un dédale de petits canaux formant des ruelles étroites et baignant le pied des maisons, il nous amène à l'*Hôtel Oriental*, qui a vue sur la place de Saint-Marc.

A peine installé dans ma cellule, car c'en est une, et avant de prendre aucune nourriture, l'homme vivant d'idées et d'émotions plus que de pain, je me rends à l'antique basilique. Les plus douces émotions pénètrent mon âme à la vue de cette façade unique au monde, avec ses mosaïques en plein vent, ses fresques, ses colonnettes, ses arceaux romans, ses grands arcs qui dominent une élégante galerie, en guise de fronton, ses clochetons que je ne puis compter, et ses vastes coupoles de plomb. Les quatre chevaux en bronze qui piétinent au-dessus de la porte du milieu attirent surtout mon attention. Qui sait ? Peut-être ce sont les quatre chevaux de l'Apocalypse, qui attendent les cavaliers mystérieux qui doivent les monter pour les conduire jusqu'aux extrémités de l'univers. Ils respirent, ils frémissent, ils hennissent, ils frappent la terre. Du moins il me le semble.

Le double porche qui longe la façade est d'une richesse qui ne le cède pas au parvis de Saint-Pierre lui-même. La seule différence que j'y trouve, c'est qu'à Saint-Pierre on sent la vie et l'immortalité, tandis qu'à Saint-Marc tout est mort. Les doges et la République chrétienne de Venise ne sont plus là pour réparer les ruines et entretenir la jeunesse de l'un des temples les plus augustes de l'univers. Les mosaïques ont été ternies par les exhalaisons marines, par la fumée des lampes et des encensoirs. Elles ont poussé au noir, comme les vieux tableaux. Le pavé lui-même est inégal. Il moutonne, imitant les vagues de la mer, comme le dit le peuple.

Je m'arrête un moment devant la grande dalle de porphyre sur laquelle un des plus grands eitoyens de la République de Venise, devenu Pape pour le bien du monde et de l'Eglise, Alexandre III, reçut à la porte de Saint-Marc, Frédéric Barberousse, obligeant l'orgueilleux empereur à humilier le glaive des Césars devant la tiare et les clefs des Pontifes.

J'entre. Je croyais voir quelque chose de colossal et d'immense comme Sainte-Sophie de Constantinople, ou le dôme de Milan. Les dehors de la basilique m'ont trompé : Saint-Marc a de faibles dimensions. On l'a bien construit un peu sur le modèle de Sainte-Sophie, mais en petit. C'est une croix grecque, au centre de laquelle s'élève une vaste coupole. Il y en a une seconde dans la nef, et d'autres encore, toutes ornées de mosaïques ravissantes. Au grand arceau, par où le jour entre dans la basilique, on voit encore des mosaïques. Mais elles n'ont ni la valeur artistique, ni les dimensions, ni la naïve simplicité des premières.

J'admire le Christ qui est au fond de l'abside. Il est aérien, il est céleste. Porté sur un léger nuage, il vole, il monte au ciel. Il n'est pas au-dessous, pour l'inspiration, le fini et la légèreté, du Saint-Marc de Guido Reni, en habits pontificaux, reproduit en mosaïque dans une abside du porche, au-dessus de la porte d'entrée.

L'arbre généalogique de la sainte Vierge en mosaï-

que, qui se trouve au fond du transept, attire mon attention.

Entre les arceaux de la grande nef et ceux du transept, courent des tribunes légères, ayant la largeur
des piliers. Des colonnes en porphyre, vert antique,
granit ou brèche africaine, les soutiennent, formant des
arceaux byzantins aussi gracieux qu'élancés.

L'entrée du sanctuaire est fermée par une barrière
de huit colonnes, soutenant une corniche qui porte les
statues des douze apôtres et une croix de très grand prix.

Cette basilique n'est pas imposante comme d'autres. Mais les richesses de détail, mosaïques, bronzes,
colonnes, statues, font oublier ce défaut. Parmi ces
richesses, on doit comprendre le magnifique rétable
d'or qui est derrière l'autel.

Au milieu du parallélogramme est le Christ assis,
d'un travail exquis. Tout autour et répandues à pro-
fusion sur le rétable, brillent des pierres précieuses
de toute forme, de toute dimension, de toute valeur,
onyx, émeraudes, saphirs, topazes, rubis, améthystes,
agates, escarboucles. On en comptait moins sur le
pectoral du grand-prêtre. Ici, sur une longue ligne,
on voit les douze petits prophètes; là, les douze
apôtres; au-dessus, des anges, et autour, mille sujets
divers. Le tout est renfermé dans un cadre d'or ciselé
délicatement. Les émaux sont séparés les uns des
autres par de légers contreforts en or. Comme richesse
de matière, comme travail et souvenir du passé, ce
rétable a un prix infini. Si on l'évaluait deux ou trois
millions, on resterait au-dessous de la vérité.

Rendons toutes sortes d'actions de grâces au gouvernement italien de n'avoir pas encore envoyé à la Monnaie ce chef-d'œuvre !

Le palais des doges a, comme Saint-Marc, un grand caractère, avec son mur porté sur un triforium, percé de vastes ogives et couronné d'une élégante dentelure. J'entre par une porte étroite, qui est, du reste, la seule. Je monte le sombre escalier avec une sorte de terreur mystérieuse, comme si les inquisiteurs d'Etat, le Conseil des Dix et le Grand-Conseil avaient recouvré leur pouvoir. Il me semble entendre le prudent avis d'un Vénitien d'autrefois me disant : « De la sérénissime Seigneurie ne parle ni en bien ni en mal, si tu ne veux pas qu'il t'en mésarrive. »

Je traverse la chambre du Grand-Conseil, celle du Conseil des Dix, ainsi que la vaste salle du scrutin. Tout y est magnifique, tout y est digne d'une aristocratie puissante. Le palais des Doges rappelle les richesses de la Grande-Bretagne. C'est l'opulente Carthage, c'est l'orgueilleuse Tyr qui revivent ici.

Les plafonds et les murailles ont été décorés avec une émulation qu'inspirait le plus ardent patriotisme. Tous les peintres célèbres qui virent le jour à Venise ont concouru à embellir ce palais, qui leur représentait la patrie et ses institutions.

La plupart des peintures sont des sujets religieux, et les salles où s'assemblaient les patriciens de Venise pour délibérer sur les grands intérêts de l'Etat furent décorées comme des temples. Partout on voit des scènes des croisades, partout le Christ et sa résurrection, symbole de la République de Venise. Puisse Venise ressusciter un jour avec la foi et la piété des anciens âges ! Puisse-t-elle reprendre le sceptre des mers, qu'elle a laissé tomber entre les mains de la protestante Angleterre !

Venise déclina quand le cap de Bonne-Espérance fut découvert et que les navigateurs abandonnèrent la Méditerranée pour l'Océan. Mais lorsque la Méditerranée redevient le grand centre commercial de tout l'univers, avec le percement de l'isthme de Suez et la navigation de l'Euphrate, Venise reprendrait sa place dans le monde, si la révolution ne l'avait pas rivée à ce cadavre impuissant et infect qui s'appelle l'unité de l'Italie. Pauvre cité des doges ! la révolution t'a condamnée à la misère et à l'abandon, et l'ancienne reine des mers est forcée de payer un tribut humiliant, comme l'infidèle Jérusalem. *Domina gentium facta est sub tributo !*

Au plafond de la salle des Ambassadeurs, on lit ces paroles admirables, autour d'une fresque représentant. la Religion : *Reipublicæ firmamentum.* Oui, elle est le fondement de la chose publique, la religion de ce Dieu par qui les rois règnent et les magistrats rendent la justice. Une autre inscription porte que la religion n'a jamais été abandonnée de la République de Venise : *Nunquàm derelicta.* Toutes les Républiques ne pourraient se rendre un pareil témoignage. Sur une autre peinture, où l'on voit la Foi, la Justice et la Paix, on a gravé ces deux mots : *Custodes libertatis.* Sans elles, en effet, il n'y a plus de liberté. L'arbitraire, le caprice et la plus affreuse tyrannie ont pris sa place.

La République de Venise était une sorte de fraternité chrétienne dont saint Marc était le patron. Tout découlait de saint Marc et avait sa gloire pour but. Aussi Venise était appelée la République de saint Marc, et quand la révolution, satanique dans ses œuvres comme dans son origine, l'a abolie, elle en voulait à sa vieille foi autant qu'à ses richesses et à son commerce. Ce sont les sociétés secrètes qui ont conjuré la ruine de la République de Venise.

Le campanile légèrement penché avec son balcon monumental orné de bronzes, n'est pas moins hardi ni moins imposant que celui de Notre-Dame des Fleurs.

Le palais des procurateurs de Saint-Marc est immense. Pour la pureté des lignes et l'harmonie du dessin, il n'y a que le Louvre qu'on puisse lui comparer. L'ancienne procuratie, avec ses galeries continues opposées à celles de la procuratie nouvelle, forme la place de Saint-Marc, une des plus belles de l'Italie.

Les deux colonnes légendaires qui portent, l'une le lion ailé de saint Marc, l'autre saint Théodore terrassant un crocodile, le pied dans la mer, augmentent l'étrangeté du spectacle. De ces colonnes, la vue se repose sur des monuments historiques.

En face, au-delà du canal de Saint-Marc, se dressent l'église et le couvent de Saint-Georges, où fut élu Pie VII, après un long et orageux conclave. Il semblait que l'Eglise venait de mourir à Valence avec Pie VI, le pèlerin apostolique. A Venise, elle ressuscita avec Pie VII et Gonzalvi.

De l'autre côté, et à l'endroit où les eaux du *Canal grande* viennent se mêler à celles du canal *della Giudecca*, se montre, avec ses marbres aussi blancs que la neige, Notre-Dame de Santé, la *Madona della Salute*. Les marches qui mènent à son élégant péristyle sont baignées par les flots. Les jours de fête, lorsque les gondoles légères affluent et versent sur ces degrés des foules empressées, le spectacle doit être sublime. Quand on arrête son regard sur ce péristyle, ces colonnes, ce fronton, ces marbres, on rêve de la Grèce et du Parthénon.

CHAPITRE V.

VENISE. — UDINE. — ARRIVÉE A GORITZ.

19 avril.

Les cloches de Saint-Marc viennent de bonne heure
interrompre mon sommeil. Quand les arcades des Pro-
curaties et que la place de Saint-Marc elle-même sont
silencieuses, je viens réciter matines en me promenant
sur les dalles aux premiers rayons du soleil, qui éclairent
d'une vive lumière les marbres et les mosaïques. Seuls,
les pigeons gris, aux pattes roses, de Saint-Marc, pen-
sionnaires de l'Etat et vivant aux frais de la municipalité,
viennent m'importuner. Ils marchent, ils courent, ils
voltigent autour de moi ; volontiers ils viendraient se
percher sur mon épaule et becqueter mon bréviaire. Ils
sentent qu'ils sont ici protégés. Ils ont élu domicile sur
les toits et sous les arceaux de la basilique et jusque
dans la nef, où ils entrent familièrement quand la
porte s'ouvre.

Malheur au voyageur imprudent qui oserait maltrai-
ter un pigeon de Saint-Marc ; le peuple le punirait

aussitôt de sa témérité. Car il n'est pas seulement fier de ces pigeons, mais encore il les aime. Je commis l'imprudence de demander au jeune gondolier qui me promenait le long du *Canal grande,* si les pigeons de Saint-Marc appartenaient à la race de ces pigeons si estimés à Rome sous le nom de *Pigioni romaneschi.* « *Non, signor,* me répondit avec vivacité ce pauvre enfant, blessé dans son patriotisme, *non, signor, sono cittadini di Venezia.* » (Ils sont citoyens de Venise).

Ce gondolier ne croyait pas si bien dire, car il y a, en Italie et ailleurs, des citoyens qui, à l'exemple des pigeons de Saint-Marc, ont la liberté de tout faire. Plus ils volent, plus ils s'élèvent. Ils grugent le peuple, ils s'engraissent de sa substance, et pourtant le peuple les aime, il en est fou, il les adore.

A 9 heures, le gondolier vient me prendre, et à travers des rues étroites où on pourrait être noyé sans être vu ni entendu, comme au pont des Soupirs, il me ramène à la gare.

Le débarcadère est en face de l'église de Saint-Siméon, près de celle des Carmes, que j'ai vues la veille, ainsi qu'une foule d'autres, en tout semblables par les fresques, les tableaux, les marbres, les bronzes et l'architecture, qui est généralement de la Renaissance.

Départ pour Udine et Goritz ; voyage long, tortueux et pluvieux, à travers des plaines humides. Au milieu des blés et des prairies, on voit de larges allées de peupliers, au pied desquels sortent de terre quatre ou cinq vignes entrelaçant leurs branches comme des guirlandes. C'est la manière de cultiver la vigne dans cette région.

A 5 heures, le train arrive à Goritz. Mon cœur palpite, car c'est ici qu'habite le dernier rejeton de nos rois, le petit-fils de Charles X, le neveu de Louis XVI qui, avant d'être enfermé au Temple par ceux qu'il avait délivrés, et de monter sur l'échafaud qui fut pour lui l'échelle du ciel, reçut de son peuple le titre glorieux de restaurateur de la liberté.

Descendu à l'hôtel des Trois-Couronnes, je fais savoir par une lettre mon arrivée, à la villa Boëchman. Puis je vais m'informer, à la première église que je rencontre, des mœurs et des coutumes du diocèse de Goritz pour le gras et le maigre. La Providence, toujours bonne et mystérieuse dans ses voies, m'amène à l'église de Saint-Ignace, le plus bel ornement de la *Piazza grande* Là, je fais la rencontre d'un jésuite charitable, qui m'offre une gracieuse hospitalité, pour la table, dans l'humble résidence que les pères occupent à Goritz. J'accepte avec reconnaissance et je passe dans cette société une soirée agréable. Rencontrer en pays étranger des frères et des amis qui parlent la même langue que vous, qui croient ce que vous croyez, qui aiment ce que vous aimez, c'est retrouver la patrie.

Revenu à l'hôtel, on me remet une lettre qui détruit toutes mes espérances. Pour une raison qui m'est indiquée, je ne pourrai voir le Roi et j'ai fait un voyage inutile !

CHAPITRE VI.

2o avril.

J'eus de la peine à m'endormir, comme on le pense bien, et pendant mon sommeil je fis un rêve singulier que je ne puis passer sous silence.

Il me semblait que j'étais en pays étranger, loin de mes parents et de mes amis. Je subissais la plus grande de toutes les peines, l'exil. Triste et inquiet, j'errais dans un chemin long et poudreux dont je ne découvrais pas le terme, quand tout à coup j'entends le bruit d'un char et le piétinement des chevaux. Je me range le long d'un mur et je regarde. C'était le char du Roi qui passait. Monseigneur m'a vu, m'a souri, m'a salué de la main. J'ai retrouvé tout mon courage.

C'était un joyeux pressentiment de l'accueil qui m'était réservé. Il y avait peut-être quelque chose de plus dans mon songe, car le lendemain j'ai reconnu le chemin où le Roi m'a apparu. C'est la route qui passe devant l'autel des *Trois-Couronnes* et va du côté du

Levant. On fait donc encore de nos jours des songes comme au temps de Joseph et de Pharaon !

Chez les Jésuites, où j'ai célébré la messe, s'est engagée une conversation instructive sur l'état des esprits en Italie. Il a été établi que dans certaines provinces, comme la Vénétie, la Toscane, Rome, Vérone, Milan, Naples, le Piémont tout entier et la rivière de Gênes, la réaction religieuse se produit de manière à donner pour l'avenir les plus belles espérances.

Avant d'aller offrir mes hommages aux vivants, il m'a paru convenable d'aller déposer quelques fleurs, celles de mes prières et de mon souvenir, sur la tombe des morts illustres qui reposent au *Monte Santo*, Saint-Denis de l'exil.

Goritz s'étend au milieu d'une plaine traversée par l'Isonzo et couverte de prairies et de vignobles. Elle serpente autour d'une colline toujours verte, que domine une citadelle aux épaisses murailles, flanquées de tours que le temps a noircies. Elle va de l'est à l'ouest, puis elle tourne au midi. Là, elle vient aboutir à un large hôtel où s'arrêta l'infortuné Pie VI dans son voyage à Vienne, comme en fait foi une inscription latine gravée sur le marbre. La rue devient un chemin qui fait le tour de la colline, et mène directement *au Monte Santo*, laissant à droite, au second portail, la villa Boëchman, résidence d'hiver de M. le comte de Chambord.

En passant, je jetai un regard furtif sur la villa. Le portail était grand ouvert. Le concierge, doux et gracieux, ce qui n'est pas précisément le tempérament des

hommes de sa profession, me laissa entrer sans diffi-
culté, reconnaissant un Français.

La campagne n'est pas vaste. Ce sont des vignes
disposées en échalas et dont les ceps vont d'un peu-
plier à l'autre, comme dans la Vénétie.

La maison, bâtiment carré à deux étages, n'a rien
d'élégant ni de princier. Point de tour crénelée, point
de terrible donjon. C'est une riante villa, plutôt
qu'un château, ouverte à tout venant, n'effrayant, ne
repoussant, n'excluant personne. On pourrait écrire en
lettres d'or au-dessus de la porte, comme du reste sur
le fronton de la monarchie traditionnelle : *nullo clau-
datur honesto.* Tout homme honnête, à quelque parti
qu'il appartienne, peut y entrer.

Les serviteurs, portant la livrée royale qui est d'argent
et d'azur, vont, viennent, vous saluent, vous sourient ;
vous sentez que vous êtes en pays de France, c'est-à-dire
chez vous, puisque vous êtes chez le père de tous.

Au sud-est et au couchant, est un parc assez vaste,
formé de petits arbres toujours verts, sillonné de che-
mins bien entretenus. Si les habitants du château détes-
tent le faste, comme il convient à des exilés. et à une
famille royale en deuil, ils aiment l'ordre et les soins,
comme le prouvent ces allées où ne pousse aucune
herbe parasite.

Je reviens sur mes pas, et reprenant le chemin qui
longe *la roca*, j'arrive au pied de la sainte montagne,
il Monte Santo. Un chemin étroit, ombragé de chênes
vigoureux, et orné de stations représentant les princi-
paux mystères de la vie de la sainte Vierge, mène au

sommet. Des paysans endimanchés, à la figure honnête, allaient et venaient. C'était la fête de la chapelle.

Les prêtres étaient à l'autel, la fumée de l'encens remplissait le temple, mêlée aux sons d'une musique plus religieuse que savante.

C'est une ancienne église dédiée à Notre-Dame du Mont-Carmel, une des patronnes de la vieille France. En 1825, les religieux de Saint-François sont venus prendre la place des enfants du prophète Elie.

Le couvent est à droite de l'église, en face de la plaine immense qui fuit vers les rivages de la mer Adriatique, entre les deux cités patriarcales de Grades et d'Aquilée.

L'église a trois nefs. Un portique élégant y donne accès. A l'intérieur, elle est ornée de fresques et de sculptures représentant la vie de la reine du Carmel. Au milieu de chacune des petites nefs latérales, on voit une chapelle pouvant mesurer quatre mètres carrés environ.

Celle de droite, en entrant, est dédiée à la Vierge du Carmel. C'est là que furent déposés, dans un caveau, les restes des membres de la famille royale morts en exil, aux pieds et comme sous le manteau de la Mère de miséricorde.

Au fond de la chapelle est un magnifique autel en marbre noir, avec un rétable et des colonnes de même, sculptés avec art. Entre les deux colonnes, on voit un tableau représentant Notre-Dame du Mont-Carmel, pour qui saint Louis avait la plus tendre dévotion. Il avait ressenti sa protection, en Palestine, pendant une furieuse tempête.

L'image du saint roi, souche de la maison de Bourbon, a été placée avec raison sur une des parois de la chapelle. Il y avait là, sans doute, autrefois, une fresque du Mont-Carmel, puisqu'au dessous du tableau on lit ces paroles, qui expriment les vertus du saint scapulaire :

Cœci vident, infirmi sanantur.
Mortui resurgunt, obsessi liberantur.

Ces paroles, gravées sur les murs de la chapelle funéraire des rois de France, sont à mes yeux une prophétie de l'avenir.

Oui, le jour approche où la lumière se fera dans les intelligences, où les yeux se dessilleront, où les cœurs malades seront guéris, où la royauté, aujourd'hui morte et ensevelie, sortira de sa tombe, où la France délivrée de l'esprit d'erreur qui, depuis un siècle, l'obsède, reprendra cette mission chrétienne et civilisatrice qu'elle reçut de Dieu au baptême de Clovis.

De l'autre côté, le mur porte encore l'ancienne fresque du Carmel, avec les merveilles que le scapulaire opère, merveilles retracées par ces lignes :

Ignis non consumit, sed flammas extinguit,
Nec in aquà submergit, sed desperatum convertit.

C'est-à-dire :

Là où le naufragé va périr, accourt la reine du Carmel. Elle rend le courage et la vie à ceux qui n'espéraient plus rien.

Il en sera ainsi de ma douce patrie !

Quand tout semblera perdu, qu'il n'y aura d'espoir

nulle part, brillera tout à coup sur la France l'arc de
l'alliance. Les nuages s'écarteront, l'horible tourmente
se calmera.

Sur l'autel, des mains pieuses ont déposé deux vases
de Sèvres avec cette inscription :

HOMMAGE DE CHARLES DE VILLETTE,

MARQUIS DE VILLETTE,

DERNIER DU TITRE ET DU NOM.

1856.

Le petit-fils de l'héritier de Voltaire qui vient offrir
un dernier et timide hommage sur la tombe de la
monarchie chrétienne, que les fils de Voltaire ont
creusée, quel spectacle et quelle leçon ! Il y a là plus que
le grand proscrit Marius errant au milieu des ruines
de Carthage. Il y a une philosophie acharnée à détruire
et habile dans l'art de démolir, qui vient avouer sa faute
et reconnaître son impuissance.

Au-dessous de la chapelle du Carmel, dans un caveau
solitaire, ont été déposés pieusement les restes de
Charles X, le roi chevalier, et ceux de ses enfants.

On lit sur le marbre , en de larges dalles étendues
sur le sol :

ICI A ÉTÉ DÉPOSÉ

LE XI NOVEMBRE MDCCCXXXVIII

TRÈS-HAUT ET TRÈS-PUISSANT

ET TRÈS-EXCELLENT PRINCE

CHARLES DIXIÈME DU NOM

PAR LA GRACE DE DIEU

ROI DE FRANCE ET DE NAVARRE

MORT A GORITZ

LE VI NOVEMBRE MDCCCXXXVI

A côté est le tombeau de son fils, le duc d'Angoulème, avec cette inscription :

LOUIS-ANTOINE

DUC D'ANGOULÈME

MORT A GORITZ LE 3 JUIN 1844

Tribulationem inveni

Et nomen domini invocavi

Ces courtes paroles résument la vie agitée de ce bon prince et disent quelles furent sa confiance en Dieu et sa piété.

Au-dessous est l'inscription de la duchesse d'Angoulème, au cœur viril, à l'héroïsme des martyrs. On lit :

MARIE-THÉRÈSE

DUCHESSE D'ANGOULÈME

MORTE LE 19 OCTOBRE 1851

Domine probasti me

Justitia tua in œternum

Cette prière convenait bien à la fille de Louis XVI, la moderne Antigone, supérieure à l'ancienne, autant que la folie de la croix l'emporte sur la sagesse païenne. Du fond de sa tombe, la duchesse d'Angoulème peut encore faire monter vers le ciel ces accents sublimes :

« Seigneur, vous m'avez mise à l'épreuve, vous avez déchiré et broyé mon pauvre cœur. Mais si vous m'avez traitée sévèrement dans le temps, je compte sur vous dans l'éternité. »

Enfin, sur une quatrième tombe, la dernière de toutes, on a gravé ces mots bien courts :

LOUISE-THÉRÈSE-MARIE

DUCHESSE DE PARME

MORTE A VENISE LE 1er FÉVRIER 1861

Cette illustre Française, si habile dans l'art de gou-
verner, d'un caractère si noble et si élevé, a été ren-
versée du trône de Parme par des Français. Rentrée en
France, elle eût fait revivre Blanche de Castille ou
Anne de Beaujeu, ces sages conseillères de la royauté,
et elle est morte d'ennui et de tristesse sur la terre
étrangère !

Elles sont là, ces grandes victimes de nos révolutions,
se reposant dans la mort, ou plutôt dans le sein
d'Abraham, de leurs luttes, de leurs fatigues et de
leurs souffrances, n'ayant recueilli sur la terre, pour
prix de leurs bienfaits, de leur dévouement et de leurs
vertus, que la haine et l'ingratitude. Nées sur les marches
du trône et issues du sang le plus noble de l'univers,
elles ont emporté seulement de leur patrie, que les rois
leurs ancêtres avaient faite si grande, l'amour qu'ils
eurent pour elle et un ineffaçable souvenir. Dépouillées
de tous leurs biens, il ne leur a pas même été donné de
dormir leur sommeil de paix dans le sépulcre de leurs
pères.

Il n'y a pas, dans les annales des peuples, d'exemple
d'une pareille infortune. Le malheur est trop grand pour
qu'on y voie un châtiment de Dieu. Sa justice est moins
rigoureuse quand sa miséricorde règne encore. Ce n'est
là qu'une expiation et une épreuve qui finira bientôt.
La monarchie de saint Louis n'est pas ensevelie défi-
nitivement et pour toujours dans l'humble suaire de
Goritz. Elle en sortira brillante et glorieuse eomme
aux plus beaux jours de notre histoire. L'ancienne
bannière de la France flottera de nouveau et jettera en

Europe le même éclat qu'aux temps de Louis XIV., de
Jeanne d'Arc et des Croisades.

Plein de ces consolantes pensées, accablé de tristesse
et gardant l'espérance au fond de mon cœur, je tombai
à genoux et je fis passer mon âme dans une longue
prière que j'adressai à Dieu pour ces grands et pauvres
morts. J'inclinai ma tête sur leurs pierres sépulcrales.
Je les touchai de mon front et de mes lèvres. Quand je
me relevai, je m'aperçus qu'elles étaient mouillées de
larmes. J'avais pleuré.

Je revins à Goritz. Le jeune comte de Foresta vint
me prendre, et avec une aménité que je ne saurais trop
reconnaître, il me montra les environs de Goritz, qui
sont fort beaux et fort agréables à cette époque de
l'année. J'ignore si en hiver, quand la plaine et les
montagnes ont disparu sous un manteau de neige,
Goritz mérite le surnom qu'on lui a donné de Nice
autrichienne.

Nous avons beaucoup parlé de la France, de Marseille, de nos amis. La politique a été laissée de côté.
On s'en occupe bien un peu à Goritz. On la suit attentivement. Mais on n'en parle pas beaucoup. A quoi
bon ?

CHAPITRE VII.

TRIESTE. — MIRAMAR.

21 Avril.

J'ai fait aujourd'hui le voyage de Trieste par un temps affreux. La pluie a commencé de tomber quand le train est arrivé à l'Isonzo. C'était une pluie fine et froide touchant aux dernières limites qui séparent la pluie de la neige. Un degré de froid de plus, et une neige abondante couvrait les champs. Nous traversons de vastes plaines, verdoyantes et tristes, et la pluie qui tombait à flots n'était pas faite pour les égayer.

Après des contours et des détours interminables, la mer paraît au loin comme une baie étroite. Elle est chargée de vapeurs et de nuages. On ne peut dire exactement où la mer finit, où le ciel commence. A l'extrémité d'un promontoire, Miramar s'avance dans la mer, comme s'il voulait se détacher du rivage, et que la terre d'Autriche lui fût odieuse. Puis, c'est Trieste qui se montre avec son port, ses longues jetées, les mâts de ses navires et les noires cheminées des bateaux à vapeur. Enfin, les édifices et les maisons de l'antique Trieste se dessinent sur le penchant d'une colline.

Je visite d'abord l'église de Saint-Antoine, croyant y retrouver les magnificences de Padoue. J'éprouvai une grande déception lorsque j'en eus franchi le seuil. Elle est grande, bien décorée, mais très massive. L'architecte ne s'est pas ruiné en frais d'imagination. Un portique et un fronton à la façade, au-dedans trois nefs, séparées par des colonnes et terminées par des absides, une grande et trois petites : voilà le plan tout tracé. L'église des Grecs est ornée de belles peintures et de bas-reliefs d'argent. Sous un dais magnifique est exposée aux regards et aux hommages des fidèles une Annonciation de la Très-Sainte-Vierge. On parle beaucoup dans cette église, à haute et intelligible voix, surtout en un coin où s'élève un véritable Mont-Blanc de cierges. Pourquoi y a-t-il là autant de cire accumulée, et pourquoi la garde-t-on ainsi ? Je n'ose questionner les gardiens, de peur de les encourager, par mon exemple, à rompre le silence dans le saint lieu.

Je monte au dôme, après avoir jeté un rapide coup-d'œil sur l'église des Jésuites, qui n'a rien de remarquable. La cathédrale a été bâtie sur les ruines et avec les débris d'un temple payen, dont on voit encore de fort beaux restes, qu'on montre aux amateurs de l'anti-quité, moyennant un léger tribut payé au gardien.

Les colonnes qui séparent les cinq nefs sont anciennes. Les mosaïques, d'une grande valeur artistique, m'ont paru remonter au douzième siècle. J'ai admiré un Christ à la physionomie un peu sévère. Il est drapé avec art, ainsi que les deux personnages qui se tiennent debout à ses côtés.

Trieste est une ville très riche, très commerçante, très animée, très bruyante, très préoccupée du *doit* et de l'*avoir*, mais très peu artistique, comme du reste toute les villes de commerce. La fontaine, le palais, la façade du théâtre, le *Tergesteo*, qui est une sorte de bourse, de café et de musée, m'ont paru être d'un goût douteux, à moins que je ne me trompe et que je ne trouve laid ce que les hommes compétents jugent admirable.

Midi sonne. Les usines, les ateliers, les bureaux et les comptoirs ouvrent leurs portes. Il s'en échappe une nuée de pauvres prisonniers qui recouvrent, une heure ou deux, la douce liberté. Si on allait vanter à ces esclaves la liberté des champs, on prêcherait dans le désert.

Je pars pour Miramar, et je longe la gare et le chemin de fer jusqu'à l'horrible souterrain où le chemin dévie, et me voilà sur le rivage de la mer.

Le château de Miramar s'élève sur un rocher que la mer environne de toutes parts, à peu de chose près. C'est dire qu'il a une forme irrégulière et fantaisiste, pouvant donner une juste idée du prince qui l'a fait bâtir. En architecture, plus encore que dans les livres, le style c'est l'homme.

Rien d'aligné, rien de franchement accusé. Le château a deux ailes dont l'une est percée de trois fenêtres et l'autre de deux seulement. Les ailes ne forment pas des angles droits et égaux avec le corps de bâtisse.

Elles semblent s'avancer à l'aventure. La grande tour
qui apparaît au-dessus du château et domine tout de
sa masse imposante, comme les anciens donjons, ne se
trouve ni derrière le château, ni à l'un des angles, et
on se demande pourquoi l'architecte l'a mise là plutôt
qu'ailleurs. Elle est, du reste, fort élégante, et elle
porte avec fierté et le front haut sa brillante couronne
de créneaux et de machicoulis.

Je ne puis rien dire du caractère général de l'ensemble. Est-ce gothique, roman, moyen-âge, renaissance, Louis XV ? C'est de la fantaisie, rien de plus.
Peut-être est-ce la reproduction d'une fabrique loin-
taine, apparaissant au-delà d'un second plan, noyée
dans le clair-obscur, derrière quelque forêt, et parmi
des demi-teintes, à peine exprimées, d'un tableau du
Pérugin ou d'une fresque de Cimabué.

Miramar n'appartient pas à la vie réelle. C'est un
rêve, une imagination, un délire, peut-être un cau-
chemar ; mais dans les rêves tout n'est pas affreux. Je
me plais à considérer ce petit balcon, svelte comme les
colonnettes élégantes qui le portent, et s'avançant
jusqu'au parapet. Sous le portique étroit qu'elles forment, les hôtes de Miramar venaient, chaque soir,
prendre le thé ou le café. La table autour de laquelle ils
se rangeaient sur des chaises en fer, est là encore.
Je m'assieds à leur place, et à l'abri de la pluie et de
la tempête, je regarde au loin la mer. Je prête l'oreille
au bruit mélodieux des vagues qui viennent expirer à
mes pieds et couvrent d'écume le rocher de Miramar.
Mon âme est en proie à une noire mélancolie, et

l'espace de deux longues heures, j'écoute, je contemple, je rêve, je m'égare.

Je vois une flotte nombreuse couverte de drapeaux aux couleurs d'Autriche et de Mexique, flottant au gré du vent. Le canon gronde comme un bruyant tonnerre, et la flotte s'éloigne, emportant Maximilien et Charlotte, aux applaudissements d'un peuple immense qui les adore. Elle fend les flots et finit par disparaître derrière les nuages qui bordent l'horizon.

Maximilien est là-bas ; il est bien loin avec Napoléon III. Ils se sont rencontrés sur d'autres rivages : les rivages de l'éternité. Maximilien est venu le premier, Napoléon III l'a suivi de près ; il s'approche, lui tend la main, lui parle et s'excuse. Mais à l'exemple de la fière Didon, quand Enée la revit aux Champs-Elysées, la grande ombre de Maximilien tient ses yeux attachés au sol, croit indigne d'un sourire et d'un regard celui qui a causé sa mort, et ne paraît pas plus touchée de sa parole nuageuse et perfide que ne le serait le marbre le plus dur. Bientôt elle prend la fuite et, frémissante d'indignation et de colère, elle se réfugie dans une forêt épaisse.

> *Illa solo fixos oculos aversa tenebat.*

Il me semble voir tout cela : Napoléon III, Maximilien, Charlotte, le lâche abandon de Bazaine, les drames les plus saisissants du second Empire.

Mon rêve a été produit, sans doute, par la vue des deux portraits de l'empereur des Français et de l'empereur du Mexique, se regardant l'un l'autre dans la chambre à coucher du malheureux Maximilien. Mon cœur se serre, les larmes commencent à mouiller ma paupière. Fuyons cette côte, cette mer, qui rappellent tant de lugubres souvenirs; allons, nous aussi, chercher un refuge dans ce bois de lauriers, de cyprès, de fusains, de troënes dont Maximilien entoura sa demeure. Ce sont des allées et des labyrinthes interminables, de longues et étroites galeries et des ponts couverts de lierre. Par intervalles, au milieu de ce bois, s'étendent au soleil quelques plates-bandes dont les lignes sont formées par des lierres, et où des violiers jaunes étalent leurs vives couleurs, répandent les plus suaves parfums.

De côté et d'autre, on rencontre des fontaines et des statues en zinc imitant le bronze, mais impuissantes à reproduire les magnificences de Versailles ou de Fontainebleau.

Au-devant du château a été creusé un port où entraient facilement les barquerolles que montait Maximilien. Plût au ciel que ce bon prince se fût contenté de ces barques légères et qu'il n'eût pas eu le désir d'aller régner au-delà des mers, dans ce Mexique à demi-barbare, où il n'a trouvé, avec une couronne fugitive, que la lâcheté, la trahison et la mort.

La mort fut cruelle et douloureuse, mais qu'elle fut belle, qu'elle fut digne d'un roi chrétien, et capable de rappeler à un siècle positiviste comme le nôtre, qu'il y a quelque chose de plus précieux que la vie, l'honneur, et qu'une mort glorieuse est mille fois préférable à une vie déshonorée!

Le grand mal de notre siècle, c'est un amour désordonné de l'existence. On ne croit pas, ou du moins on
ne croit que vaguement à une vie qui se prolonge au-
delà du tombeau, et qui vaut mieux que celle du temps.
On craint de tomber dans le vide, au sortir du corps,
et on redoute la mort comme le plus grand de tous les
maux, quand elle est le commencement de la vie. Les
héros ne surgissent plus de tous côtés, parce que les
croyances se sont affaiblies. Mais les hommes qui ont
la foi des anciens âges, savent mourir comme mouraient nos pères.

La foi de Maximilien explique sa mort héroïque.
Quelle nuit terrible fut celle du 18 au 19 juin 1866, la
dernière qu'il passa sur la terre ! Il se fit couper par son
geôlier une mêche de cheveux, et après l'avoir baisée
tendrement, il l'envoya à sa Charlotte avec ces paroles :
« Tant de catastrophes inattendues et imméritées m'ont
accablé, que je n'ai plus d'espérance au cœur, et que
j'attends la mort comme un ange de délivrance ; je
meurs sans agonie, je tomberai avec gloire, comme un
soldat, comme un roi vaincu. Si tu n'as pas la force
de supporter tant de souffrances, si bientôt Dieu te
réunit à moi, je bénirai sa main paternelle et divine
qui nous a si rudement frappés. Adieu ! adieu ! Ton
pauvre Max. »

Il pria et il écrivit toute la nuit.

Le lendemain, il se présenta le visage souriant,

Au messager de mort, noir recruteur des ombres.

En allant au supplice, il dit à Miramon, condamné
comme lui : « Général, au plus brave la place d'honneur ; prenez la mienne. »

Et au général Mejia, que la vue de sa femme accou-
rue tout à coup, tenant dans ses bras son enfant nou-
veau-né, avait jeté dans un profond abattement :
« Dieu n'abandonne pas ceux qui souffrent et qui res-
tent ; quant à ceux qui partent, et qui ont justement
souffert, ils trouvent leur récompense dans l'autre vie. »

Arrivé au lieu de l'exécution, il chercha sa place,
monta sur une pierre pour recevoir la mort debout et
fièrement, et percé de balles, il tomba en murmurant
ce nom : « Charlotte ! Charlotte ! »

Le sort de Charlotte, l'épouse adorée de Maximilien, fut plus triste encore ; elle était passée en
Europe, pour essayer d'attendrir le cœur des souverains qui avaient contribué à la fondation de l'empire
du Mexique et les intéresser à la cause de Maximilien.
Elle parut à la cour des Tuileries ; elle fit à Napoléon III
le récit déchirant des infortunes de son époux. Elle
tâcha de convaincre, elle pria, elle pleura : tout fut
inutile. Napoléon III demeura inflexible, et elle sortit
de l'audience impériale le cœur brisé.

Elle se souvint alors que les souverains, comme du
reste tous les chrétiens, ont dans le pontife romain
un père et un ami de la dernière heure. Elle vint à
Rome, chercher auprès de lui, sinon un puissant
secours, du moins des prières qui apaisent la colère de
Dieu, et des paroles fortifiantes qui aident à supporter
les peines de la vie.

Là, sous les yeux du vicaire de Jésus-Christ, sa raison
fut troublée, comme déjà l'était son cœur. Il passa
devant les yeux de son esprit comme un nuage qui les
empêcha de voir les graves événements qui s'accom-
plissaient au Mexique.

Privée de cette lumière que Dieu nous a donnée pour
nous guider ici-bas, elle n'a pu apprécier la catastrophe
épouvantable où un trône s'écroulait, où un grand empereur tombait sous les balles des assassins et des
parricides.

Si, au moment où la triste nouvelle arriva en
Europe, elle avait eu la plénitude de sa raison, son cœur
eût été foudroyé. Peut-être la perte de sa raison a
été une grâce que le ciel lui a ménagée, et dans sa
miséricorde, sans doute, Dieu a voulu lui épargner des
tristesses et des déchirements qui sont trop cruels pour
le cœur d'une femme.

Elle vit encore, sans être pleinement de ce monde.
Elle ne sent pas les douleurs de l'exil et de la séparation ; elle croit toujours que son royal époux est
vivant; il lui semble parfois l'avoir auprès d'elle.
Quand elle prononce son nom si doux, et qu'elle s'ima-
gine le voir bientôt paraître, un sourire expire sur ses
lèvres. Il n'y a de larmes qu'aux yeux de ceux qui
l'entourent, et de déchirements que dans leurs cœurs.

Il est quatre heures. Le train va passer, éloignons-
nous de ces lieux où planent de mauvaises ombres ;
fuyons un séjour plein d'amertume et de tristesse !

Par un long chemin circulaire, j'arrive à la gare, je
me trompe, à la serre verdoyante où, au milieu des

plantes les plus rares, bananiers, fougères, lataniers, palmiers de toute sorte , le prince Maximilien venait attendre le train qui devait le ramener à Vienne.

Le chef de gare de cette petite station, entouré de joyeux enfants qui dévorent avec un appétit d'ange une sorte de soupe où l'on a fait entrer tous les légumes qui germent sous le soleil, me trace un long panégyrique de Maximilien. Il faut bien que ce prince fût bon pour qu'on ne l'ait pas oublié et qu'on fasse de lui un tel éloge quinze ans après sa mort !

La pluie tombe à torrents. L'horizon se resserre. On ne voit plus rien. La nuit vient bientôt unir ses voiles à ceux de l'orage. Il est huit heures quand le train arrive à Goritz.

J'attendais une lettre; il n'y a rien, et je me couche en proie à la plus sombre tristesse. Dix heures viennent de sonner. On frappe, je m'éveille. C'est le bon Allemand si empressé autour des voyageurs des Trois-Couronnes qui m'apporte la lettre si désirée.

CHAPITRE VIII.

LA VILLA BOECHMAN.

22 avril.

Il est une heure. Je suis en proie à la plus vive émotion. Mon cœur bat fortement. J'éprouve un de ces forts et puissants saisissements que l'homme ressent aux heures solennelles de la vie.

Je voudrais pouvoir me dispenser de voir le roi, je regrette presque d'être venu à Goritz, si grand est mon trouble. Mais je suis annoncé et attendu, je ne puis reculer. Je franchis d'un trait la distance qui sépare la villa Boëchman de l'hôtel des Trois-Couronnes.

La villa est divisée en deux quartiers séparés par un large escalier. Le premier, à droite, est occupé par M. le marquis de Foresta et M. le comte de Chauvigné, parfaits modèles de fidélité chevaleresque et d'honneur antique. La seconde partie, plus vaste, plus commode et aussi mieux fermée, est occupée par Monseigneur et par Madame. J'entre dans une grande salle à droite, sorte d'antichambre qui est aussi un salon, un cabinet de lecture et de travail, où sont entassés avec cet aimable laisser-aller de l'ancienne société française, des livres, des brochures, des revues, des journaux, des tapisseries, des ombrelles.

Je suis reçu en compatriote, en ami, presque en parent. Dans l'exil, sur la terre étrangère, et surtout à Goritz et à Frossdorf, tous les Français sont des amis et des frères.

On cause, on se demande et on se donne mutuellement des nouvelles de la patrie absente qui, nulle part au monde, n'est aimée comme à la villa Boëchman.

J'attends l'ordre qui m'appellera auprès de Monseigneur. Mon émotion redouble. La pensée religieuse s'unit aux convictions politiques pour la faire croître. Je songe à saint Louis, dont je vais voir le descendant direct, et avec le fils de saint Louis, c'est presque ce grand roi que je vais voir et entendre.

Bientôt un valet de chambre de Monseigneur vient vers nous et nous prie, M. le marquis de Foresta et moi, de le suivre. Nous nous levons aussitôt. Mon cœur bat plus fort que tantôt, il passe devant mes yeux comme un nuage et je ne puis saisir exactement la physionomie des lieux que je traverse.

Une porte s'ouvre, je suis en présence de Monseigneur et de Madame. Ils se levèrent quand j'entrai. Monseigneur, la figure souriante, me serra fortement la main, à la manière d'autrefois. Aussitôt s'engagea la conversation la plus cordiale, la plus spirituelle, la plus attachante, la plus aimable dont ma mémoire garde le souvenir. Religion, politique, histoire ancienne, histoire contemporaine, la Provence, Marseille, ma ville natale si chère à mon cœur, le présent et l'avenir de la France, tout y passa.

Madame prenait part à la conversation, et d'un regard spirituel et bienveillant, elle suivait sur notre physionomie les diverses impressions de notre âme.

Au moment où nous parlions de la Provence et de Marseille, Madame se leva. Elle alla prendre un tableau représentant Notre-Dame de la Garde, telle qu'on la vénérait autrefois, avant la statue d'argent au repoussé. La sainte image était entourée d'un cadre doré. Madame, d'une voix émue, m'en raconta l'histoire.

C'était en 1820, après l'attentat du 20 février et pendant les longs mois de deuil de la cour des Tuileries. La duchesse de Berry reçut un jour, d'une main inconnue et par le moyen des messageries, l'image de Notre-Dame de la Garde, avec prière de mettre en elle sa confiance. Elle vit dans cet envoi quelque chose de providentiel et l'assurance certaine du secours divin. L'image fut placée avec respect au chevet de son lit. Elle veilla sur la duchesse de Berry et sur l'enfant qu'elle portait dans son sein. Ce fut sous sa protection toute puissante que naquit M. le comte de Chambord.

Le prince qui fut appelé Dieudonné à son baptême, celui que Louis XVIII, le 29 septembre 1820, présenta au peuple de Paris, accouru en foule sous les fenêtres des Tuileries, en prononçant ces paroles d'Isaïe : « Un enfant nous est né, un fils nous a été donné, » est l'enfant de Marie. C'est un don précieux que faisait à la France la reine du ciel et de la terre, qui a, dans tous

les temps, considéré notre patrie comme son royaume
de prédilection.

L'image de Notre-Dame de la Garde protégea l'enfant à son berceau. Depuis, elle ne l'a jamais quitté.
Elle voyage avec lui, elle est partout où il se trouve.
Quand Monseigneur change de résidence, Madame
l'enveloppe d'un voile et la place elle-même, de ses
mains royales, parmi les objets les plus précieux.

A mesure que Madame parlait, j'attachais sur elle
mon regard, n'ayant osé le faire quand Monseigneur
avait la parole.

Elle avait un costume de soie noire avec un nœud
blanc autour du cou. Des mains françaises l'avaient
façonné. C'est tout naturel. Seules, les modes de France
sont reçues à Goritz.

Madame est grande, vive, spirituelle, gracieuse,
familière; on se sent à l'aise quand on a l'honneur de
converser avec elle. S'abaisse-t-elle jusqu'à vous,
a-t-elle, dans les hauteurs où elle vit avec son esprit et
son cœur, quelque secret pour vous élever jusqu'à elle?
Je n'en sais rien. Mais elle n'inspire pas la crainte. Elle
est si bonne ! si bonne ! Là peut-être est tout le secret
de son prestige et de l'influence qu'elle exerce. Au
milieu de cette rare bienveillance et d'un abandon
plein de naturel, il y a pourtant une distinction si
grande répandue sur toute sa personne, qu'on n'oublie
pas, même dans les plus grands épanchements de son
âme, que l'on est en présence d'une reine, qu'il y a en
elle la fille des Césars, la petite-fille de Marie-Thérèse,
l'auguste épouse du fils de saint Louis. Ainsi brillaient

d'un éclat tout royal Blanche de Castille, Anne d'Autriche, Marie Leczinska, dont elle occupe si dignement la place.

Madame est Italienne, et pourtant elle parle avec autant de grâce que de pureté notre langue. On ne remarque chez elle aucun accent.

Mais que dire de la valeur morale et intellectuelle de celle qui est destinée à s'asseoir un jour sur le trône de France ? Elle est simple, naturelle, sans emphase. Il y a autant de droiture dans son cœur que de clarté dans son esprit. Comme elle veut le bien, elle ne cherche pas à cacher sa pensée dans les mille replis de la politique et de l'astuce italienne. Si elle essayait de le faire, on suivrait sa pensée errante sur le bord de ses lèvres avec un sourire, sur son front avec une rougeur subite, dans ses yeux avec un éclair révélateur.

Le ciel l'a douée, ce qu'on ne saurait trop apprécier chez ceux qui gouvernent ou ont à donner des conseils, d'une rare prudence. Depuis le jour où Monseigneur unit sa destinée à la sienne, jamais elle ne s'est trompée dans les jugements qu'elle a portés, dans les démarches qu'elle a conseillées.

On l'accuse de retenir Monseigneur sur la terre étrangère. C'est une affreuse calomnie. Madame aime la France avec passion. Elle n'a pas d'autre patrie, depuis que le duché de Modène a été annexé à l'Italie. Son seul désir est de rentrer en France et au plus vite.

Sa piété est aussi éclairée qu'elle est sincère. C'est l'ancienne piété de nos reines et de nos princesses, basée sur une foi vive et une instruction solide.

Il n'y a dans cette piété ni minuties, ni exagération; tout y est grave, sérieux, aimable.

Elle aime les pauvres, et si la Bible assure que Moïse était doux plus que nul homme qui fût sur la terre, on peut dire qu'il n'y a jamais eu de reine ou de princesse plus charitable que Madame.

Si un jour elle règne, les pauvres de Paris reverront les temps heureux de Marie-Antoinette et de la duchesse d'Angoulême. Déjà, soit à Goritz, soit à Frossdorf, elle est la providence des pauvres. Sa charité va les chercher partout où ils se cachent, à la mansarde, à l'atelier, aux champs, à l'hôpital, à l'école. Elle a des vivacités et même de saintes colères, quand, de peur d'épuiser ses ressources qui ne sont pas illimitées, on lui a laissé ignorer quelque grande infortune que sa perspicacité a fini par découvrir.

Elle place dans un coffret les rentes qui lui sont personnelles, et elle en dépose la clef aux pieds d'une statue de saint Joseph, établissant gardien de son petit trésor l'humble ouvrier qui fut le plus parfait modèle des pauvres de Jésus-Christ. Elle lui demande non la grâce de faire un bon usage de sa fortune, mais le meilleur usage possible, le priant de lui enseigner l'art de discerner les pauvres véritables de ceux qui ne le sont pas, et, parmi eux, ceux qui souffrent le plus, qui ont le plus besoin d'aumônes.

Si elle aime les pauvres, elle est passionnée pour les arts. Ce n'est pas sans raison qu'elle est née sous le ciel inspirateur de l'Italie. Les pauvres sont les membres souffrants de Jésus-Christ. Mais les artistes, peintres, sculpteurs, poètes, musiciens, sont un reflet de ce beau idéal qui est Dieu. Les âmes élevées ne peuvent aimer Dieu sans aimer encore les arts, qui donnent une idée de ses adorables perfections et remontent vers lui, comme à leur source.

Quand elle habitera les Tuileries, Madame sera la douce providence des artistes, et sous son regard fascinateur les chefs-d'œuvre éclateront de toutes parts.

CHAPITRE IX.

M. LE COMTE DE CHAMBORD.

Les brillantes qualités de Madame reflètent celles de Monseigneur. La beauté morale de l'un a resplendi sur l'autre pendant les longues années d'exil qu'ils ont passées ensemble.

Monseigneur n'est pas grand. Sa physionomie est fine et intelligente. La gravure de Gaillard la rend parfaitement. Son front a de la fierté, mais sans orgueil. Sa lèvre est douce et point dédaigneuse; elle sourit toujours, à l'exception des rares moments où l'éclair de l'indignation et de la colère la traverse. Son teint a de l'éclat; il révèle une âme vigoureuse. Son regard profond vous enveloppe de toutes parts quand vous êtes devant lui. Il vous a deviné, il a déjà lu dans votre cœur avant que vos lèvres se soient ouvertes pour révéler votre pensée. On pourrait lui dire, comme le cardinal de Tournon au grand pape, près de qui l'avait accrédité Henri IV, qu'il faudrait s'abstenir de penser devant lui.

Si Monseigneur se montrait tout-à-coup à cheval au bois de Boulogne, on l'a dit souvent, les Parisiens seraient ravis et feraient retentir les airs de leurs bruyantes acclamations.

Ce serait plutôt fait s'ils pouvaient l'entendre. Sa voix est forte et bien timbrée. Comme le cœur est ce qui rend disert, Monseigneur ayant beaucoup de cœur est un agréable causeur.

Son esprit égale son cœur. Il a de l'esprit français et même de l'esprit gaulois jusqu'au bout des ongles. A table, au salon, à la promenade, son esprit éclate en saillies. Il ne dédaigne, dans l'occasion, ni les jeux de mots, ni les bizarres associations d'idées, ni les traits d'esprit. On cite de lui une foule de mots aussi justes qu'ingénieux. Si les traits de son visage rappellent d'une certaine manière Louis XIV, il fait revivre par ses réparties Henri IV lui-même.

Mais ce n'est là qu'un agréable passe-temps et un repos pour son esprit. Il y a en lui une raison solide et une puissance d'intelligence que ses ennemis eux-mêmes reconnaissent.

Les lettres admirables qu'il a écrites en sont la preuve. On trouve dans ces pages une vigueur, un coloris, une clarté, une netteté où se révèlent cette intelligence qui voit les choses sans ombre et sans nuages, qui perçoit la vérité tout entière, et cette âme énergique qui veut puissamment ce qu'elle a perçu clairement.

Si le style c'est l'homme, et qu'il n'y ait point d'exception à cette loi de la nature formulée par Buffon, le style de Monseigneur montre la beauté de son âme, la

profondeur et la limpidité de son esprit, sa puissance
de volonté.

Où est-ce donc que Monseigneur a appris à écrire
ainsi ? Qui lui a révélé tous les secrets d'un style inimi-
table et vraiment royal ? Car personne n'écrit comme
lui. C'est en étudiant les grands modèles du siècle de
Louis XIV. Il les a feuilletés sans cesse et refeuilletés.

Ce bon esprit, ce jugement sûr, ce goût exquis qu'il
fait voir en toute chose, il les doit encore à sa religion
et à sa piété.

Les âmes religieuses, habituées à planer dans les
régions sereines où les noires passions et les vils intérêts de la terre ne parviennent pas à apporter le trouble
et les nuages, sont toujours des âmes fortes et droites,
des âmes bien trempées. Elles voient, elles possèdent,
elles embrassent la vérité tout entière et s'y attachent
vigoureusement.

La religion et la piété de Monseigneur sont celles des
rois ses ancêtres. Ce n'est pas une religion toute d'ins-
tinct et de sentiment, mais une religion éclairée et bien
motivée qui s'appuie sur la science, l'histoire et le rai-
sonnement.

De même qu'en politique, Monseigneur veut tout
lire, tout connaître, le bon comme le mauvais, le mé-
diocre comme l'excellent et le pire, enfin tout ce qui se
publie en France et y produit quelque sensation, journaux, revues, brochures, de même il suit d'un œil
attentif la controverse religieuse. Rien d'important ne
paraît sur la religion qu'il ne veuille aussitôt en prendre
connaissance.

Le livre de M. Ollivier sur le Concile du Vatican venait
à peine de voir le jour quand j'arrivai à Goritz. Déjà
Monseigneur l'avait lu et étudié à fond. Il l'appréciait
avec un sens qui fait honneur à son bon jugement et à
la connaissance qu'il a des affaires religieuses. Il avait
découvert ce qu'il y a de bon et de vrai dans le travail
de l'ancien ministre de Napoléon III, mais aussi tout
ce qu'il y a de faux, de mauvais, de dangereux.

Sa religion n'a d'égale que sa charité. Autour de lui
on se demande comment il peut donner autant. Il a
maintenu intégralement toutes les pensions que servait
Charles X. Il en fait d'autres qui égalent et peut-être
dépassent les anciennes.

Voilà l'homme dans toute sa grandeur morale, voilà
le chrétien avec toutes ses vertus. Mais en lui il y a
un prince prédestiné à régner un jour sur la France et
à faire sentir son influence dans le monde. On ne le
connaîtrait que d'une manière imparfaite, si je n'exa-
minais pas ses plans, ses idées, ses programmes, ainsi
que la règle de gouvernement qu'il appliquera lorsqu'il
sera sur le trône.

Je l'ai entendu, j'ai lu attentivement tout ce qu'il a
écrit, j'ai interrogé les hommes qui ont vécu avec lui
et le connaissent à fond. C'est le résultat de mes
études et de mes recherches que je vais donner,
plus que le résumé de sa conversation, car je me suis
bien gardé de mettre à la torture l'esprit de Monseigneur par des questions indiscrètes autant que mala-
droites. Si j'avais essayé de le faire, Monseigneur,
dans un sentiment de noble fierté, m'eût arrêté et se

serait levé pour me dire que l'audience était finie. Il l'a fait à d'autres. J'aurais craint aussi de manquer au profond respect qui est dû à son rang et à sa personne, en établissant une sorte d'égalité entre Monseigneur et son interlocuteur, au moyen d'un dialogue plus ou moins exact, plus ou moins véridique.

Des intrigants ont pu le faire pour M. Thiers ou M. de Bismarck. Mais le chef de la maison de France n'est ni l'un ni l'autre.

Mes lecteurs approuveront cette sage réserve qui est, du reste, tout à fait conforme au sentiment des convenances, qu'un Français n'oublie jamais.

Je me bornerai donc à grouper les idées de Monseigneur en politique et ses maximes de gouvernement, telles que je les trouve dans les recueils qui ont été faits de ses lettres et dans les récits qui ont été écrits par ceux qui l'ont vu en exil. Si je ne rends pas d'une manière exacte la pensée de Monseigneur, ce sera ma faute toute seule.

CHAPITRE X.

LA PENSÉE DU ROI.

Voulant mettre quelque ordre dans ce chapitre, qui est un peu long, et qui a aussi plus d'importance que les autres, je le partagerai en plusieurs alinéas qui pourront guider le lecteur.

§ 1. — *Comment se fera la Restauration ? Monseigneur se propose-t-il de rentrer en France par l'émeute, la défaite, l'intrigue ou l'invasion étrangère ?*

Monseigneur ne s'appuiera pas sur l'étranger. Son âme est trop fière et il a trop de respect pour la France pour lui faire violence. Il sait d'ailleurs qu'il ne serait pas libre s'il venait à l'aide des baïonnettes étrangères. La France, qui est la sœur aînée des nations chrétiennes, serait l'humble vassale des princes qui auraient prêté leur concours à M. le comte de Chambord. Elle subirait leur joug humiliant au lieu de marcher à leur tête.

L'intrigue ne sied pas non plus à sa loyauté. S'il avait voulu escamoter le pouvoir et s'entendre avec ceux qui l'ont exercé, en leur faisant des concessions et des promesses, ou en les achetant, il y a longtemps qu'il serait sur le trône. M. X..., M. Y..., et d'autres encore qu'on est loin de soupçonner, lui auraient tendu la main, s'il avait voulu se soumettre à eux. C'est encore comme au temps du Sauveur. « Je te donnerai l'or, le pouvoir, la couronne, l'empire. » (*Si cadens coram me adoraveris me*). Il ne veut devoir sa couronne à personne, pour être entièrement libre et indépendant, le jour où il montera sur le trône. Lorsqu'il viendra, il n'amènera avec lui qu'un nombre restreint d'amis fidèles qui l'ont suivi sur la terre étrangère et ont partagé les longs ennuis de son exil, et la restauration monárchique ne sera pas une curée de places, comme on l'a vu en 1851, ni une orgie ou un festin de Balthazar, comme on le voit aujourd'hui.

La défaite de nos armées n'a rien qui sourie à son patriotisme. Attaché à la France du fond de l'âme, il a toujours vu dans l'humiliation du drapeau national, un sujet de deuil et de larmes, et non une occasion heureuse dont il fallait tirer parti. On l'a bien vu en 1870, pendant l'année terrible, où il n'a pas voulu augmenter nos divisions et conquérir son royaume à main armée, quand la chose lui était si facile.

Si la France entrait de nouveau en lutte avec la Prusse ou quelque autre puissance, comme l'histoire le raconte des princes de sa maison, pendant la révolution et sous l'Empire, il applaudirait à nos victoires, il pleurerait sur nos défaites.

L'émeute a pour lui encore moins d'attraits. Il sait par expérience que les trônes qui s'élèvent au moyen des barricades sont renversés par elles. Il n'attend pas l'émeute, il ne la désire pas, et s'il fallait passer à travers des flots de sang pour arriver au trône, il préférerait ne pas régner et finir sa vie loin de sa patrie.

Qui sait même si dans ses communications avec Dieu, il ne lui demande pas chaque jour d'épargner à la France une pareille épreuve, et à son cœur de père la vue de ses sujets, ou plutôt de ses enfants, se déchirant, s'entregorgeant comme des ennemis.

Que des ambitieux vulgaires forment le rêve d'arriver au pouvoir par la terreur, la fusillade, la déportation, ils le peuvent. Mais celui qui n'a d'autre ambition que d'être le père de ses sujets et de travailler à leur bonheur ne peut faire reposer ses espérances sur la guerre civile. La vie de ses enfants lui est plus chère que le trône.

Comment viendra-t-il ? demandent les impatients. Veut-il qu'on aille se mettre à ses pieds et lui offrir la couronne ? disent les malveillants et les hommes légers.

Il viendra quand le peuple sera fatigué de toutes les utopies, quand il comprendra que la monarchie qui a fait l'ancienne France peut seule la refaire, quand le peuple sera bien convaincu que dans la royauté traditionnelle seule est le salut du temps présent et l'espérance de l'avenir. Alors seulement la monarchie sera possible. Ce sera comme en 1814 et 1815. Les portes de la patrie s'ouvriront d'elles-mêmes, toutes grandes, sans qu'on ait besoin de les forcer. Le roi de France n'aura qu'à se présenter. Les populations se porteront en foule à sa rencontre ; de joyeux vivats éclateront partout ; la joie brillera sur tous les visages. Il n'y aura plus de divisions, plus de partis, mais un seul troupeau, une seule nation, une seule famille de frères, parce qu'il n'y aura plus qu'un seul pasteur et un seul roi qui sera le père de tous.

C'est là ce qu'attend M. le comte de Chambord pour venir. Le jour où les anciennes divisions auront cessé, où les luttes fratricides des partis seront terminées, il paraîtra à la frontière.

Tant que le peuple sera désuni, que les uns seront pour la République conservatrice, les autres pour la Commune, ceux-ci pour l'Empire, ceux-là pour la monarchie bâtarde, quel bien pourrait-il faire en France ? Il lui faudrait une garde nombreuse et des milliers de baïonnettes pour se maintenir ; il lui faudrait encore une police vigilante pour déjouer les complots des régicides. Ces moyens sont bons pour la dictature et l'Empire. Ils ne peuvent être employés par la monarchie, qui n'est pas le règne de la force brutale, mais celui de la raison, de l'honneur, de l'amour, de la liberté, de la miséricorde. Une nation qui ne comprend pas ces grandes choses n'est pas mûre pour la monarchie chrétienne. Elle doit subir nécessairement la dictature et le despotisme, ou tomber dans l'anarchie.

§ 2. — *Les institutions.*

Avec Henri V, aurons-nous la monarchie absolue, ou la monarchie tempérée, c'est-à-dire constitutionnlle ?

Ni l'une, ni l'autre. Ce sera la monarchie chrétienne, que tempèreront admirablement et suffisamment les commandements de Dieu et ceux de l'Eglise, ainsi que les mœurs et les habitudes d'un peuple intelligent, civilisé et chrétien.

La monarchie française n'a jamais été absolue. Quand l'autorité semblait être sans contrôle et sans frein, le bon plaisir du roi n'était qu'une formule, indiquant cette souveraineté du pouvoir qui vient d'en haut et au-dessus de laquelle il n'y a que le tribunal de Dieu et le témoignage de la conscience.

A plus forte raison, en un sièclc de liberté, la houlette de pasteur des rois de France, ne peut devenir la verge de fer des empereurs romains ou celle des nouveaux Césars.

Ce ne sera pas non plus la monarchie constitution-nelle telle que l'ont imaginée les rêveurs de la Constituante, et qui finira toujours en France par provoquer un 10 août, un 28 juillet, un 24 février, monarchie qui déplace la souveraineté et la fait passer, aux moments critiques où l'on a le plus besoin du pouvoir d'un seul et même de la dictature, aux mains de la multitude aveugle et inconsciente.

Ce n'est pas que M. le comte de Chambord n'ait

le désir de consulter la nation souvent et toujours, pour peu que les décisions qu'il aura à prendre soient graves et intéressent le pays ; il aime la vérité sans fard et sans voiles ; volontiers il dirait aux conseillers qui voudraient la lui cacher, comme son aïeul Henri IV aux notables de Rouen : « Je vous ai appelés auprès de moi, non pour faire mon éloge, mais pour me donner des conseils. » Il aimera, il favorisera les discussions, non ces discussions orageuses où les beaux diseurs n'ont en vue que leurs propres avantages ou leur satisfaction personnelle, mais ces discussions pacifiques où les questions les plus délicates et les plus épineuses sont étudiées à fond et examinées sous toutes leurs faces diverses. Il tiendra des conseils, il aura des chambres délibérantes, des sénateurs ou des pairs et les représentants de la nation, non pour la montre et l'éclat de la royauté, mais pour l'utilité de tous et pour le plus grand bien de la chose publique.

Il terminera le règne des bavards et des rhéteurs ; il inaugurera celui des hommes sages et vraiment politiques.

Comment s'y prendra-t-il pour allier la liberté complète des votes et des délibérations avec la prérogative royale ? Comment se fera l'union de la liberté et de l'autorité ? C'est son secret. On peut cependant le deviner.

Avec un roi qui veut le bien du peuple et qui, suivant les règles de l'autorité chrétienne, exerce le pouvoir, non pour lui, mais pour ceux dont la Providence l'a rendu maître, l'entente est facile ; car on n'a pas à redouter la tyrannie ou le despotisme dans celui qui commande, ni la haine, les préventions et la révolte chez ceux qui obéissent, surtout quand le roi a cette sagesse et cette prudence qui sont un don de Dieu, et que le peuple devenu sage à l'école du malheur, trouve qu'il y a plus d'avantages pour lui dans une obéissance raisonnable que dans une révolte insensée.

Octroiera-t-il une charte, comme Louis XVIII le fit en 1814 ? S'il en donne une, ce que j'ignore, de quelque nom que s'appelle le pacte fondamental qui interviendra entre l'ancienne royauté et la nation, charte, constitution ou décret, il n'aura pas les défauts qui déparaient la charte d'un roi un peu trop imbu des maximes anglaises, qui ne sont pas les nôtres, ni ces équivoques qui contribuèrent pour une bonne part à la révolution de 1830, principe de tous nos malheurs.

§ 3. — *La politique*.

Elle sera franche et loyale, comme le fut, dans tous les temps, la politique des rois très-chrétiens, les glorieux ancêtres d'Henri V.

Franche, parce que le mensonge et la duplicité répugnent à son noble caractère, et qu'il est persuadé, à l'exemple du roi Jean-le-Bon, que si la vérité était bannie du reste de la terre, elle devrait se trouver sur les lèvres des rois ; loyale, parce que la ruse et la perfidie conviennent à la faiblesse, et la vérité à la force, et qu'enfin la France ayant des tendances qui répondent à sa position dans le monde, on ne peut pas plus les cacher que les réprimer.

Ses alliances naturelles sont connues. Avant que le roi ait manifesté là-dessus, par des traités, sa pensée intime, on sait d'avance qu'il sera l'ami fidèle de l'Eglise et du Saint-Siége, le protecteur des petits, le défenseur du droit et de la justice, et non l'adorateur de la force orgueilleuse et brutale, le flatteur avili du caprice puissant.

Sa politique sera pacifique, mais avec prévoyance et sans négliger ces sages précautions que prend un roi toujours prêt à faire la guerre, quand il veut sincèrement la paix.

Il ne voudra pas cette paix à tout prix qui amène infailliblement la guerre, ni ces aventures désastreuses où se jettent les usurpateurs pour occuper les esprits et consolider leur puisssance. Sous son règne pacifique fleuriront l'agriculture, le commerce, l'industrie, les arts. Il renverra dans leurs foyers la plupart de ces jeunes hommes que l'agriculture réclame, espoir d'une famille en deuil, et il gardera auprès de lui ceux qui veulent sincèrement embrasser la noble carrière des armes, leur prodiguant les récompenses et les distinctions les plus flatteuses. Il conservera intacts les cadres d'une armée nombreuse, pour qu'à la menace d'une invasion, ou quand l'honneur l'obligera à tirer l'épée, ils s'ouvrent aux hommes vaillants et généreux qui accourront de toutes parts pour défendre la patrie.

La politique traditionnelle de l'ancienne monarchie sera reprise, comme le roi l'a déclaré maintes fois. La France s'est arrêtée, en 1789, dans la voie du progrès, dans sa marche ascendante. C'est le seul pays qui n'ait rien acquis depuis un siècle, si ce n'est l'Algérie, quand l'Angleterre, la Prusse et la Russie se sont agrandies démesurément. Nos révolutions incessantes en sont la cause. Mais quand les troubles et les agitations auront fini, la France reprendra sa place dans le monde et continuera la grande mission que le ciel lui a donnée.

Au dedans, le roi sera moins un maître rude et sévère qu'un père tendre et compatissant. Les pauvres, les faibles, les ouvriers, les paysans, les petits commerçants, seront l'objet de sa sollicitude. Les ouvriers sont aujourd'hui livrés à eux-mêmes. Ils auront dans le roi un défenseur naturel, qui voudra être à la fois le père du peuple et celui de la patrie. *Pater patriæ !* Ce sont nos rois, et parmi eux, d'une manière plus spéciale, ceux de la troisième race, qui ont défendu le peuple contre la tyrannie, créé le tiers-état et les communes, appelé les roturiers aux premières charges de l'Etat, quand ils en étaient dignes, et fondé l'égalité civile. Henri V continuera l'œuvre de l'ancienne monarchie, tout en maintenant autour du trône, soit pour en soutenir l'éclat, soit pour le défendre, une aristocratie puissante, l'aristocratie du nom et de la naissance, celle du talent et de la science, celle de la fortune, enfin l'aristocratie de la considération publique et de la vertu.

§ 4. — *La question sociale.*

Il y a en France, en Europe et dans le monde entier la grande question sociale qui menace de tout absorber, de tout détruire.

Ce n'est plus une affaire de parti, ni une lutte entre le gouvernement d'un seul et le gouvernement de tous par tous, la lutte de la monarchie et de la république, la lutte de la monarchie absolue et de la monarchie constitutionnelle ou libérale. C'est une lutte gigantesque entre ceux qui possédent et ceux qui n'ont rien, ceux qui ont les terres, les maisons, le capital, et ceux qui travaillent, courbés péniblement vers la terre pour gagner leur pain de chaque jour et celui de leurs enfants, entre les patrons et les ouvriers, les maîtres et les travailleurs, les détenteurs et les usufruitiers de la terre et ceux qui la cultivent sous leurs ordres.

L'esclavage antique et le servage des temps féodaux ont été abolis. Partout l'homme est libre, même en Russie. Il peut se livrer au travail qui lui convient et y consacrer le nombre d'heures qui lui plaît. Mais cette liberté n'est qu'apparente, car si les chaînes qui attachaient autrefois l'esclave au service d'un maître et le serf à la glèbe ont été brisées, il reste des chaînes plus lourdes à porter, les chaînes de la misère et de la souffrance. On est libre de ne pas travailler, mais à la condition de mourir de faim.

Il y a là des intérêts contraires et des droits qui, pour être différents, n'en sont pas moins des droits.

Ceux qui possèdent le capital ont le droit incontestable de prélever une retenue sur le travail de l'ouvrier, qui est à la fois l'intérêt de l'argent aventuré et leur salaire à eux, pour leur peine et leurs soins, et comme un droit de courtage sur l'écoulement des marchandises. D'autre part, l'ouvrier a droit à un juste salaire, à un salaire rémunérateur, quand il épuise ses forces et sa santé au service d'un maître.

Le maître est injuste quand il considère ses ouvriers comme des bêtes de somme qui, nuit et jour, doivent travailler pour lui sans trêve ni merci. Mais l'ouvrier est injuste aussi quand il prétend que son maître ne peut tirer aucun profit de son travail, et réaliser sur lui quelques bénéfices. Il va encore au-delà des limites de la justice, quand il prétend avoir droit au travail. Le seul droit qui lui vienne de la nature c'est de chercher quelque part, dans le pays natal ou dans les contrées lointaines, un champ inoccupé pour le cultiver et en tirer sa nourriture. Mais il n'a point de droit sur le maître ou le patron qui le fait travailler, avant qu'il ait achevé sa journée.

Il y a à ce sujet des récriminations excessives, soit du côté des maîtres, soit du côté des ouvriers, ceux-ci réclamant tout le fruit de leur travail, ceux-là voulant trop retenir.

Depuis cinquante ans, la lutte est engagée. Il y a des haines, des jalousies, des désirs de vengeance qui laissent dans tous les cœurs des ferments détestables. On voit éclater des grèves formidables qui font déserter les ateliers, et d'autre part, des patrons fatigués d'une lutte déloyale, ferment leurs ateliers et jettent sur le pavé des multitudes d'ouvriers ne sachant comment se procurer leur nourriture. Les grèves préparent la guerre civile, et ce qui est pire, une sorte de guerre sociale qui, si on n'avise promptement, anéantira de fond en comble la civilisation ancienne, et nous ramènera la barbarie. Paris a failli disparaître, enveloppé de tous côtés par les flammes du pétrole. La question ouvrière, si on ne parvient pas à la résoudre, détruira Paris, la France, l'Europe.

Que faut-il pour arrêter le mal, pour détruire des prétentions injustes ? Ce qu'il faut, c'est un arbitre, mais un arbitre autorisé, juste, puissant, intelligent, qui sache imposer à tous ses volontés souveraines.

Sans doute, les patrons et les ouvriers, les riches et les pauvres pourraient choisir des délégués qui travailleraient ensemble et parviendraient à faire un compromis assez impartial et assez sage pour mettre tous les intérêts d'accord. Mais il arrive souvent qu'en des réunions semblables, patrons et ouvriers ne se rendent pas exactement compte de leurs intérêts mutuels. Tantôt leur vue n'est pas assez étendue pour saisir l'ensemble de la question; tantôt les uns et les autres se trompent sur la nature de leurs revendications.

Quand les ouvriers demandent, par exemple, l'augmentation du salaire et la diminution des heures du travail, tous, même les moins intelligents, comprennent que ces deux choses leur sont avantageuses, mais la plupart ne sont pas assez éclairés pour se rendre un compte exact des tristes conséquences que peuvent avoir pour eux de pareilles réclamations. S'ils travaillent moins, et qu'ils demandent un salaire plus élevé, il arrivera que les produits étrangers seront introduits en France avec prime. Notre industrie périra, et les ouvriers français seront réduits à la triste nécessité de s'expatrier ou de mourir de faim.

Or, la libre entrée des produits étrangers influant considérablement sur le salaire, il est impossible que les délégués des ouvriers et des patrons, formant un tribunal arbitral, puissent résoudre la grande question qui les divise. Il faut un arbitrage plus compétent, celui de la royauté, qui vienne se placer entre les deux parties intéressées et les mette d'accord.

M. le comte de Chambord, seul, est en état de remplir ce rôle bienfaisant de médiateur. Issu des rois qui ont fait la France, il peut s'établir entre des intérêts rivaux et jaloux, et décider la question non en juge ou en maître, mais en arbitre et en ami.

Quand il sera roi de France, les riches, les commerçants, les patrons, les industriels et les chefs d'atelier, auront droit à toute sa sollicitude, car ils sont l'âme de la nation. Mais les ouvriers, les paysans et les prolétaires ne lui seront pas moins chers, puisqu'ils seront ses enfants, au même titre que les patrons et les riches; et si ces derniers sont l'âme de la France, les autres en sont le corps et font sa force. Des deux côtés, les intérêts se balancent et ont droit à la même protection.

Le pouvoir qui donnerait tout à l'ouvrier et au pauvre serait imprudent et téméraire, car il causerait, dans un bref délai, la ruine du pauvre comme celle du riche. D'autre part, il serait barbare, inhumain et souverainement injuste, le prince qui sacrifierait sans scrupule le pauvre au riche et au puissant.

Dans tous les temps, la royauté chrétienne a exercé cet arbitrage bienveillant entre le riche et le pauvre, le patron et l'ouvrier. Elle a pris sous sa protection le pauvre et le prolétaire, pour les soustraire à l'arbitraire du riche oppresseur. Au même titre qu'elle a puni l'usurier avide, abusant de la puissance que l'or lui donnait pour opprimer son débiteur, elle est intervenue pour fixer le juste salaire qui est dû à l'ouvrier, qui supporte le poids du travail et de la chaleur.

Elle a fondé ces corporations qui faisaient autrefois la force de l'ouvrier ; elle leur a donné de sages règlements, qui ont duré depuis saint Louis jusqu'à la révolution ; elle a établi un juste équilibre entre les patrons et les ouvriers, les prolétaires et les riches. Aussi, pendant les longs siècles de notre monarchie, on n'a jamais vu ces grèves séditieuses, ces haines sauvages, ces menaces, ces revendications qui troublent le temps présent et inspirent tant d'inquiétudes pour l'avenir.

Le gouvernement prussien, celui du czar, et aussi notre république, qui se dit le gouvernement de tous par tous, essayent bien de réprimer par la force et les baïonnettes le socialisme, le communisme et le mouvement ouvrier. Mais ce n'est pas à coups de canon qu'on tranche ces questions. Un moment les gendarmes et les agents de police les terminent, on les croit finies ; mais elles ne sont qu'assoupies, elles dorment, et au moment où on s'y attend le moins, elles se réveillent plus inquiétantes qu'auparavant. Car la faim revient toujours, et ce n'est pas avec le fusil ou le canon qu'on l'apaisse.

M. le comte de Chambord terminera par voie d'arbitrage la question sociale, qui est la première et la plus importante des temps où nous vivons. Il l'a étudiée à fond, et aucun savant, aucun économiste ne la connaît mieux que lui, comme le reconnaît M. de Bismark lui-même. Il a des solutions qui satisferont pleinement l'ouvrier et le patron, le riche et le prolétaire, parce qu'elles sont fondées sur le droit, sur la justice, et sur cet amour du peuple qui a toujours été le caractère distinctif des rois de France.

§ 5. — *L'impôt*.

L'arbitrage que le roi se propose d'exercer entre l'ouvrier et le patron, il l'exercera dans la question si grave des impôts ; il sera un intermédiaire entre le peuple et le fisc.

Certainement il n'abolira pas l'impôt qui, sous tous les gouvernements, république ou monarchie, est de droit naturel. Il faut payer une armée qui défende le territoire, il faut construire et entretenir des forteresses qui forment à nos frontières comme une ceinture de fer. Il faut armer des navires qui promènent le pavillon national sur toutes les mers, et le montrer avec honneur à côté des pavillons des autres puissances ; il faut enfin payer les arrérages des emprunts contractés si imprudemment par les divers gouvernements que la France s'est donnés depuis un demi-siècle.

Mais, d'autre part, M. le comte de Chambord comprend que les impôts payés par la France sont excessifs et nullement proportionnés à ses revenus. Ils représentent environ le quart du produit net des terres. En certains endroits, c'est le tiers et même la moitié. C'est trop, c'est beaucoup trop. Les campagnes, si les récoltes sont mauvaises, ou que l'étranger nous inonde de ses produits, seront bientôt dans l'impuissance de payer quoi que ce soit.

Il y a de grands abus dans l'emploi des sommes prélevées sur le peuple. Nous ne prétendons pas qu'il y ait de la maltôte ou des dilapidations. La France ne le souffrirait pas. Les infidélités et les opérations malpropres sont trop contraires au caractère national. Mais, on ne peut le nier, ceux qui surveillent les travaux publics ne montrent pas toujours cette justice impartiale et cette sévérité qui sont un devoir de leur charge. C'est un principe admis de tous que les fournitures faites à l'Etat et les travaux exécutés pour son compte sont plus coûteux que si un particulier avait à les accepter au lieu de l'Etat. M. le comte de Chambord le sait aussi bien que nous, et il s'appliquera, soit à diminuer les dépenses, soit à les contrôler sincèrement, avec cette honnêteté et ce désintéressement qui forment le caractère du gouvernement de la restauration, et le distinguent, dans l'histoire, de tous ceux que nous avons eus après lui. Il veillera à l'amortissement de la dette publique. Chaque année il diminuera notre dette, comme le font avec tant de sagesse l'Angleterre et les Etats-Unis, qui ont pu payer plusieurs milliards en quelques années, car il sait très-bien que les pays les plus libres, comme les hommes, sont ceux qui doivent le moins, et les plus forts ceux qui ont le plus d'argent, en un siècle où tant de choses se vendent. La dette diminuant, les impôts seront moins lourds.

§ 6. — *La religion.*

Il est pour les peuples, et pour chaque homme en particulier, des intérêts plus chers que le bien-être et la richesse. Ce sont les grands intérêts de l'âme, car l'homme étant composé d'une âme et d'un corps, Dieu a établi la société pour donner à l'homme le moyen d'atteindre sa double fin. Les rois ne seraient pas les dignes représentants de ce Dieu qui leur délègue son autorité, s'ils ne s'occupaient que des choses de la terre. Par conséquent, ils doivent surtout veiller aux intérêts moraux et spirituels de leurs peuples, tout en se renfermant, bien entendu, dans les limites qui leur sont tracées par la séparation des deux pouvoirs. La religion doit tenir leur sollicitude éveillée, car plus un peuple est religieux, plus il est sobre, plus il est fort, plus il se multiplie, plus il est riche. Ce n'est pas qu'il ait plus de revenus et qu'il réalise de plus grands bénéfices que les peuples qui ne croient pas ; mais chez lui l'épargne, qui est la véritable richesse, est plus considérable.

La religion est l'appui le plus solide de l'autorité civile. L'erreur, en matière religieuse, ouvre la voie aux erreurs politiques. L'hérésie et la révolte contre les chefs ecclésiastiques prépare la révolte contre les princes. Il y a d'abord le schisme et l'hérésie dans l'Eglise, avant que la guerre civile éclate. La révolution dans l'Eglise, au XVIme siècle, a préparé la révolution dans l'Etat à la fin du siècle dernier.

M. le comte de Chambord est persuadé de ces grandes vérités ; aussi a-t-il étudié à fond la religion autant que l'histoire, les finances, la politique et la question sociale.

Il est profondément religieux, mais sa piété est celle des princes éclairés, et non la piété des esprits étroits et superstitieux. Bien qu'il soit profondément dévoué à la France, il n'est pas partisan des anciennes maximes gallicanes ; et en tout ce qui regarde les affaires religieuses de notre pays, il sera plein de déférence pour le Saint-Siége. Dogme, morale, discipline, direction religieuse, il croit que tout ressort du Pape, chef suprême de toute l'Eglise catholique.

Comme Charlemagne et saint Louis, il aura une tendre dévotion au Pape, mais il n'oubliera pas, comme ses glorieux ancêtres, que si Dieu a donné aux évêques et au Pape les choses religieuses, il a confié aux rois, le soin des choses temporelles. « *Tibi temporalia cré-didit*, » comme le grand Osius de Cordoue le disait à Constantin. Il sera le fils le plus dévoué qu'il y ait jamais eu de l'Eglise romaine, sans pourtant inféoder la France au Saint-Siége.

Son gouvernement ne sera pas le gouvernement des curés, comme on l'a dit méchamment, de la même manière que le ministère Freycinet est le gouvernement des pasteurs protestants, car, il n'aime pas l'immixtion de l'Eglise dans la politique. Il l'a dit clairement dans une lettre qu'il adressait à M. le comte de Saint-Priest, en 1866, et sa parole a plus de poids pour moi que tous les mensonges de ses ennemis.

§ 7. — L'enseignement.

Après la religion, c'est l'enseignement qui tient le plus de place dans la pensée du roi. M. le comte de Chambord a sur ce point des idées nouvelles et mûries depuis longtemps.

Il donnera la liberté d'enseignement pleine et entière, c'est-à-dire la liberté d'enseigner tout ce qui est vrai, tout ce qui est juste, mais non la liberté de pervertir l'esprit et de corrompre le cœur. Cette fausse liberté sera muselée.

Les ignorants et les pervers ne pourront enseigner ; les savants et les honnêtes gens le pourront.

Henri V ne supprimera pas l'enseignement de l'Etat, si par ce mot on entend de larges subventions faites à des savants revêtus d'un caractère légal et officiel. Si par ce mot on entend le monopole et le privilége, il l'abolira.

Le casernement de l'enfance, l'Etat marchand de soupes, les mouvements s'exécutant au son du tambour, l'étiolement du corps et de l'esprit dans des cours privées d'air, de soleil et de lumière, l'anémie et la fièvre typhoïde élisant domicile en de vieux édifices humides et malsains, fauchant toutes les années des multitudes d'écoliers, l'espoir de leurs familles et de leur pays, auront fait leur temps.

Nous reverrons l'éducation mâle, guerrière et libre de la renaissance et du moyen âge, cette éducation chrétienne qui est encore donnée en Angleterre, au grand air des champs et de la liberté.

La jeunesse qui s'étiole aujourd'hui sur les bancs et qui dépérit à vue d'œil, rongée par la crainte et par la servitude, reprendra cette vigueur et cette gaîté de nos pères, qui firent de la race française la première de toutes, la plus aimable, la plus expansive, la plus féconde qui fut jamais.

Tel sera le roi, tels sont les plans qu'il médite, telles seront les réformes qu'il introduira, quand Dieu, à qui rien n'est caché, et qui connaît le jour et l'heure qu'il a fixés dans ses desseins, relèvera le trône de saint Louis et de Charlemagne.

Ce que nous venons de dire est confirmé par la parole du roi, qui s'est prononcé avec une merveilleuse clarté dans ces lignes extraites d'une de ses lettres :

« Un pouvoir fondé sur l'hérédité monarchique, respecté dans son principe et dans son action, sans faiblesse comme sans arbitraire ; le gouvernement représentatif dans sa puissante vitalité ; les dépenses publiques sérieusement contrôlées ; le règne des lois, le libre accès de chacun aux emplois et aux honneurs ; la liberté religieuse et les libertés civiles consacrées et hors d'atteinte ; l'administration intérieure dégagée des entraves d'une centralisation excessive ; la propriété foncière rendue à la vie et à l'indépendance par la diminution des charges qui pèsent sur elle ; l'agriculture, le commerce et l'industrie constamment encouragées ; et, au-dessus de tout cela, une grande chose : l'honnêteté ! l'honnêteté, qui n'est pas moins une obligation dans la vie publique que dans la vie privée ! l'honnêteté, qui fait la valeur morale des Etats comme des particuliers.

« J'ai toujours cru qu'il faut que toutes les forces du pays, que toutes les classes de la nation s'unissent pour travailler de concert au salut commun, y contribuant, les unes par leur expérience des affaires, les autres, par l'utile influence qu'elles doivent à leur position sociale... J'apprécie tous les services qui ont été rendus à la patrie, je tiens compte de tout ce qui a été fait à différentes époques pour la préserver des maux extrêmes dont elle était et dont elle est encore menacée. J'appelle tous les dévouements, tous les esprits éclairés, toutes les âmes généreuses, tous les cœurs droits, dans quelques rangs qu'ils se trouvent et sous quelque drapeau qu'ils aient combattu jusqu'ici, à me prêter l'appui de leurs lumières, de leur bonne volonté, de leurs nobles et unanimes efforts pour sauver le pays, assurer son avenir, et lui préparer de nouveaux jours de gloire et de prospérité.

« Je ne suis point un parti, et je ne veux pas revenir pour régner par un parti ; je n'ai ni injure à venger, ni ennemi à écarter, ni fortune à refaire, sauf celle de la France, *et je puis choisir partout les ouvriers qui voudront loyalement s'associer à ce grand ouvrage.* »

Il y aura peut-être des procureurs généraux, des présidents, des préfets, des maires, des commissaires de police qui étudieront ce récit pour y trouver matière à procès et à condamnations. Je leur conseille de lire très attentivement et de relire les trois dernières lignes du manifeste royal que j'ai soulignées : elles les regardent d'une manière toute particulière. Puissent-ils les comprendre en temps opportun et faire leur profit du bon avis qui leur est donné !

CHAPITRE XI.

L'HOSPITALITÉ DU ROI.

Bien que l'étiquette royale, en exil comme dans le
faste des cours, exige qu'on attende un congé en règle,
avant de se retirer, l'audience avait été si longue, que
plusieurs fois, par discrétion, je crus devoir l'interrompre, en me levant à moitié. Chaque fois, j'entendis
cette parole bienveillante, accompagnée du plus gracieux
sourire : « Non, pas encore, restez. »

A la fin, Monseigneur comprit que je souffrais de
lui prendre ainsi ses moments, et plutôt pour aller
au-devant de mes scrupules que de son impatience
personnelle, il se leva, et avec une forte poignée de
main, il me dit : « Au revoir, » et il me chargea de
porter ses compliments à ses amis, qu'il nomma sans
en laisser un seul, ne donnant à aucun ses titres, les
traitant tous avec cette familiarité qui plaisait tant chez
Henri IV.

Mon trouble était si grand que j'eus de la peine à
me remettre.

Tandis que je me reposais chez M. le marquis de Foresta, qui m'avait reçu, à mon arrivée, avec tant de courtoisie, celui-ci fut rappelé auprès du roi. Il revint bientôt, m'apportant une gracieuse invitation à la table royale pour le soir, à sept heures.

Rentré à l'hôtel, je mis quelque ordre dans ma valise et je revins à la villa, où j'errai dans les allées du parc en compagnie du vénéré aumônier de Monseigneur, dont l'aménité, la science et la piété aussi aimable que celle de saint François-de-Sales, sont si appréciées à Goritz.

A sept heures, comme on était réuni dans le salon, les deux battants de la porte s'ouvrirent et nous fûmes introduits avec ordre dans la salle à manger, les dames et les messieurs, les ecclésiastiques et les jeunes gens.

Madame avait quitté son costume noir et revêtu une robe traînante de taffetas violet; des dentelles françaises, groupées avec art, ornaient ses cheveux.

La table était servie à la française et parée avec goût. Mais on n'y voyait pas cette recherche excessive et cette prodigalité qu'affectent aujourd'hui le monde de la finance et celui du commerce. L'argenterie était marquée aux armes de France; elle avait servi à Louis XVIII et à Charles X. La livrée des serviteurs était aux couleurs royales, azur et argent.

La conversation fut très-gaie, très-spirituelle, très-animée; on parlait sans contrainte, quoique avec respect et de la manière la plus convenable du monde, c'est-à-dire la plus française. On est Français à

Goritz dans les moindre choses comme dans les plus grandes.

Après le dîner, on passa dans le salon, où la conversation continua sans *à parte*, mais toujours familièrement, avec beaucoup d'abandon et de l'esprit infiniment, non sans quelques traits malicieux lancés à droite et à gauche, qui excitaient la plus franche gaîté.

A dix heures, Madame se leva ; on s'inclina très-profondément, on la suivit jusqu'à la porte du salon, et après quelques moments consacrés aux adieux et aux souhaits de bon voyage, eut lieu la séparation.

Je quittai la villa émerveillé et comme ébloui de ce que j'avais vu et entendu, ne pouvant bien m'en rendre compte et me demandant si ce n'était pas un songe brillant que je venais de faire.

Quand je fus dehors et que j'eus repris le chemin des *Trois-Couronnes*, au milieu de la nuit la plus sombre et sans que la moindre étoile brillât au firmament, je revins à moi-même et je me disais :

Je viens de voir la monarchie de près, avec ce charme séducteur qui fascina l'ancienne France. L'éclat s'est obscurci, la lumière ne brille plus à notre ciel, les ténèbres nous environnent de toutes parts, aucun éclair ne vient sillonner la sombre nuit qui nous enveloppe. Pourtant j'ai l'espérance au cœur. Je crois fermement que cet obscurcissement de la monarchie ne sera pas éternel. Ce n'est pas celui dont il est question dans une prophétie célèbre : « La fleur blanche disparaît pour ne

plus reparaître. » Non, les lys reparaitront un jour,
ils brilleront, ils refleuriront. Peut-être ce sera bientôt;
peut-être nous touchons à la fin de nos maux, et l'année
qui va commencer sera celle du bonheur et de la
délivrance.

CHAPITRE XII.

Mercredi, 23 avril.

Il était dix heures lorsque je quittai l'hôtel des *Trois-Couronnes*. Le voyageur éprouve de la joie quand il reprend le chemin de sa patrie; il pense à ceux qu'il a laissés là-bas et qu'il va revoir bientôt. Pourtant mon cœur était en proie à une noire tristesse, au moment où je m'éloignais de Goritz.

J'allais rentrer dans ma patrie, reprendre le calme de mon existence, vivre au milieu des miens; j'allais revoir ce doux pays de France, le plus beau royaume du monde, après celui du ciel, et qui y fait rêver. Mais je laissais le descendant de ceux qui, lentement, sûrement et avec une sagesse qui ne s'est jamais démentie pendant quatorze siècles, et rappelle celle du sénat romain, l'ont faite si grande et si belle!

L'héritage existe encore, et on a dépossédé le légitime héritier. Le palais, avec toutes ses splendeurs, est encore debout, et le maître a été mis dehors. Le trésor est là tout entier, et des étrangers, des mercenaires, des hommes sortis de la fange, se le partagent et en jouissent.

Ah! que ne puis-je ramener avec moi celui qui peut seul donner le bonheur à mon pays et lui rendre son ancienne gloire! Que n'ai-je le pouvoir d'abréger un exil qui n'a déjà que trop duré! C'est une vie d'homme tout entière qui a été saturée d'amertume et de tristesse, et qui s'est écoulée dans un isolement dont les souffrances ne peuvent être révélées que par celui qui les a endurées.

Il était pourtant si facile de clôre l'ère de nos révolutions, de mettre un terme à un bannissement cruel et immérité.

Il y a sept ans, un prince loyal renonce à des prétentions injustes qui avaient jusqu'ici divisé la France. Il va reconnaître le droit et l'hérédité monarchique dans son unique représentant : la réconciliation est faite dans la maison de France. Les deux puissants rameaux se sont entrelacés pour ne former plus, comme autrefois, qu'un arbre vigoureux dont l'ombre bienfaisante va s'étendre encore sur la patrie.

Les bases de la reconstitution de la France ont été jetées. Il ne reste plus que des formalités à remplir et un acte à dresser.

Malheureusement, notre pays divisé, troublé, épuisé par les factions, ne produit plus ces hommes d'initiative, de sagesse et de courage dont la vieille France se glorifiait autrefois. Ceux qui gardaient les avenues du trône et qui devaient nous ramener le roi, abordèrent des questions délicates qu'il eût fallu laisser dans l'ombre, mirent des conditions là où il fallait avoir une confiance aveugle et absolue en celui qui n'a jamais cessé de dire qu'il respectait trop son pays pour lui faire violence, et ils le réduisirent à la cruelle nécessité de prononcer cette parole qui retentit comme un coup de tonnerre, d'une extrémité de la France à l'autre : « Jamais, jamais ! »

Non. Il ne pouvait être le roi légitime de la révolution, comme il l'a déclaré lui-même, ni en arborer le signe, celui qui représente l'hérédité monarchique, et avec elle notre ancien droit national.

La monarchie était faite quand les délégués partirent de Versailles. Une condition impossible fit tout écrouler.

Nous avions entrevu la fin de nos maux ; une ère de gloire et de bonheur allait commencer ; une aurore nouvelle se levait sur notre malheureuse patrie, quand tout-à-coup nous fûmes replongés dans la nuit la plus profonde.

On dit que dans les régions boréales, quand un épais manteau de neige et de glace couvre les terres et les mers, le soleil apparaît un moment, fait luire quelques pâles rayons qui remplissent les cœurs d'espérance, mais il disparaît aussitôt derrière les hautes banquises. Ainsi brilla un moment, sur la France, le soleil de la monarchie pendant l'automne si agitée de 1873, et tout-à-coup la nuit revint avec ses horreurs et ses incertitudes.

Mon esprit était rempli de ces noires pensées. Je ne sais où elles l'auraient conduit, si une joyeuse aventure dont la gare de Goritz fut le théâtre, n'eût un moment dissipé ma tristesse.

Au fond d'une salle immense, j'attendais l'arrivée du train de Vienne parti dans la matinée. Quelques moments après mon arrivée une modeste berline amena un couple qui attira les regards de tous, et offrit à l'assemblée un spectacle à la fois tragique et réjouissant. N'ayant pas poussé l'indiscrétion jusqu'à demander les noms des deux soupirants, je les appellerai Ariane et Thésée, car la situation me parut être la même que celle de ce héros et de cette princesse de la fable.

Ariane appartenait à cette classe intéressante de jeunes filles qui ont rêvé la fortune et des titres, après avoir passé leur jeunesse à faire des robes ou à mettre le pot-au-feu. Thésée ne portait ni le casque ni la couronne ; il n'avait pas non plus l'air martial et la stature d'un demi-dieu. C'était à peine un demi-homme, un freluquet, un étudiant en droit ou en médecine, peut-être un commis-voyageur, ou encore ce que les ouvriers appellent dans leur langage imagé un *calicot*.

Il n'était pas nécessaire d'avoir le bouton d'or des lettrés chinois de première classe pour deviner que Thésée, après un séjour plus ou moins long à Goritz, avait inspiré la plus grande estime à la jeune Ariane, joignant à ses protestations d'attachement les promesses les plus séduisantes, et que, nonobstant la foi jurée et des engagements formels, il partait pour Venise. Tous les deux pleuraient comme si on était venu leur apporter la nouvelle de la mort de leur père. Ariane, appuyant ses deux mains d'ivoire sur les épaules de Thésée, et y reposant sa tête, répétait à chaque instant d'un ton plaintif, qui aurait attendri des rochers : « *Sono inamorata ! sono inamorata !* » Et chaque fois que ce cri déchirant sortait de ses lèvres, Thésée éclatait en sanglots. Si la poitrine de Thésée ne s'est pas fendue cent fois, il devait y avoir autour d'elle la triple cuirasse dont parle Horace.

Puis ils se levaient tous deux, sans se gêner de nous, et arpentaient dans tous les sens la salle d'attente, frappant du pied les dalles, et portant avec désespoir une main crispée à leur front ; puis encore ils sortaient brusquement, et allaient conter leur mésaventure aux quatre vents qui soufflaient alors avec violence et à la pluie battante qui les trempait jusqu'aux os, sans pouvoir éteindre leurs feux.

Tous les voyageurs furent d'abord émus de ce spectacle lamentable ; mais Quintilien l'a dit, la source des larmes tarit bien vite. On ne pourrait vivre longtemps si on pleurait toujours. Notre émotion et nos larmes firent promptement place à une douce gaîté, et l'assistance répondit aux cris déchirants d'Ariane et aux sanglots de Thésée par des éclats de rire.

Bien nous en prit, car à peine l'horrible sifflement de la machine s'est-il fait entendre au loin, que déjà Ariane retourne à Goritz dans le coupé qui l'avait amenée, et Thésée entre avec nous dans le wagon, où il se hâta d'essuyer ses larmes. Le bras passé dans une lanière, il finit par s'endormir. Il arriva sans doute à Venise tout consolé de sa disgrâce, et ne dut pas tarder à présenter ses hommages à quelque Phèdre moins tragique que l'ancienne. Ariane, de son côté, se garda bien de mourir et de s'attirer cette désolante apostrophe :

> Ariane, ma sœur, de quel amour blessée,
> Vous mourûtes aux bords où vous fûtes laissée?

Elle se sera unie dans le courant de l'année, par un légitime mariage, à quelque vigneron de Goritz, comme sa mère et sa grand'mère, heureuse si dans le principe elle n'avait pas visé plus haut. Elle n'aurait pas versé tant de larmes, ni égayé une gare entière de sa complainte.

Nos montres marquent une heure et demie. Nous traversons Udine, dont nous n'apercevons que les reverbères à demi-éteints, Udine, la vieille cité patriarcale, avec sa cathédrale, ses palais, ses écoles, centre religieux et scientifique de la Haute-Italie depuis des siècles, assise comme une reine au milieu d'une plaine immense.

A quatre heures, nous voyons Conegliano, et à cinq heures Trévise, illustre par son origine qui se perd dans la nuit des temps et par ses églises monumentales. Le jour qui se montre et les premiers rayons de l'aurore qui peignent le ciel des plus vives couleurs, éclairent le gigantesque amphithéâtre des Alpes noriques, rhétiques, pennines et grecques, à demi-couvertes de neige. La neige est plus ou moins basse suivant que le mont recule vers le Nord ou avance vers le Midi. Cette neige permanente donne à l'Italie du Nord, malgré ses vertes prairies, un air de deuil et de tristesse, qui est bien motivé par les flots de sang qui, depuis trois mille ans, inondent cette terre, champ de bataille de tous les peuples de l'univers.

Là se rencontrèrent les Gaulois et les Romains, les Huns, les Hérules, les Goths et les Vandales, les Grecs du bas-empire, les Francs, les Lombards, les Allemands, les Espagnols, et dans ces derniers temps, les Français, les Autrichiens, les Russes. Fasse le ciel que les champs de la Vénétie et de la Lombardie ne soient pas, dans un temps prochain, engraissés encore d'un sang versé inutilement par des conquérants barbares !

Il est neuf heures. Voilà Mestre et au-delà Venise, qui apparaît au loin comme une ville flottante, ou plutôt comme un mirage trompeur et une vision féerique, tant elle est belle et gracieuse.

Le train part. Il va, il fend l'air. Il semble qu'il ne s'arrêtera pas d'une journée entière. Puis, comme s'il avait regret de cette ardeur, il ralentit sa marche, il s'arrête ; nous sommes à Padoue. De mon wagon j'envoie un salut cordial et j'adresse une humble et confiante prière au saint, *al santo*. Mon cœur est ému à son doux souvenir, et je voudrais pouvoir encore aller visiter son sanctuaire béni, prier et répandre mon âme au pied de son tombeau. Tandis que je me recueillais du mieux qu'on peut le faire en chemin de fer et en gare, quand les uns montent et les autres descendent, que les employés crient, que les voyageurs demandent leurs bagages, qu'ont lieu, en Italie surtout, des adieux et des embrassades interminables, trois dames appartenant au meilleur monde de Padoue se font ouvrir notre portière et entrent dans notre wagon, après qu'il a été examiné, exploré et analysé dans tous les sens. Les paquets, les cartons, les ombrelles, les mille riens que les dames traînent avec elles dans leurs voyages, et qui leur sont d'une absolue et incompréhensible nécessité, sont entassés sur les banquettes et les étagères en filet, impuissantes à recevoir encore le moindre colis, quand ce serait la reine d'Italie elle-même ou sa tante, la duchesse de Gènes, que nous prendrions en route.

Je n'ai pas consulté la généalogie de ces dames, mais à vue d'œil, il m'a semblé qu'il y avait là une mère, sa fille âgée de 18 ans environ et une tante. Ne sachant quelle était cette société, et craignant d'avoir pour compagnes de route des Italiennes pures et quelque sorte de princesses Belgiosozo, je gardais le silence d'un chartreux et ne répondis guère que par un léger signe de tête au salut des pèlerines.

Car c'était des pèlerines qui avaient fait le vœu d'aller visiter le sanctuaire de Notre-Dame de Campagna, aux environs de Vérone.

Heureusement, elles n'avaient pas fait vœu aussi de garder le silence jusqu'à leur retour ! Car depuis Padoue jusqu'à Vérone, elles n'ont pas cessé de parler. Cependant, il faut avouer à leur louange, qu'elles n'ont dit du mal de personne, si ce n'est du roi, de la reine, de tous ceux qui ont fait l'unité de l'Italie et de ceux encore qui la maintiennent, des ministres, des syndics, et de tous les gouvernants. Mon Dieu ! que de traits d'esprit elles ont fait, que d'égratignures au roi et à ses ministres dont elles se sont rendues coupables, si c'est un crime de médire de telles gens, ce que je n'oserai affirmer. Assassins, voleurs, brigands, impies, *scommunicati*, elles ont épuisé le vocabulaire des reproches. Mais en retour de ces légères médisances, en matière grave, que de foi, que de piété, quel attachement à l'Eglise et au Pape ! Comme elles étaient heureuses d'apprendre le bien qui se fait en France, et la résistance qu'on y prépare aux ennemis de l'Eglise ! Elles ont pleuré et je puis dire avec le poète :

J'ai vu, j'ai vu tomber des larmes véritables,

quand je leur ai décrit nos grands pèlerinages de Lourdes, de Paray-le-Monial, du Mont-Saint-Michel, les belles manifestations de foi qui se produisent chaque année, à la Fête-Dieu, dans les villes où les processions n'ont pas été interdites par la franc-maçonnerie régnante et gouvernante.

Comme je les félicitais de leur foi et de leur dévouement, elles m'ont répondu que l'Italie presque entière pensait et sentait comme elles. Malheureusement les catholiques ont peu d'énergie, et comme ils redoutent le poignard des sectaires, et peut-être avec juste raison, ils n'osent prendre aucune initiative.

Ah ! si le *Tedesco* ou le Français apparaissait avec de nombreux bataillons, non pour opprimer l'Italie, mais pour délivrer l'Eglise et le Pape, la péninsule serait en feu, depuis le cap Passero jusqu'aux Alpes rhétiques.

Nous traversons, sans nous arrêter, Vicence, l'élégante, la populeuse Vicence, que domine un antique sanctuaire dédié à la mère de Dieu, citadelle spirituelle contre les puissances des ténèbres, Vicence défendue inutilement, en 1849, par les patriotes italiens qui s'en étaient emparés, et qui, aux premiers coups de feu des Autrichiens, poussèrent cette grotesque exclamation : « Canailles, ils chargent à balle ! » C'est là aussi que le trésorier de l'expédition fut dans l'impuissance absolue de rendre compte, avec exactitude, des deniers confiés à sa garde. Comme il mettait en règle sa comptabilité sur la peau d'un tambour, au fort de la mêlée, un boulet de canon détruisit ses registres et emporta ses reçus à décharge. C'est du moins le déclinatoire qu'il opposa aux juges qui lui demandèrent des notes détaillées, quand l'armée italienne fut rentrée dans ses foyers.

Ce n'était pas évidemment la main d'un conseiller de la cour des comptes qui avait lancé le boulet.

On a beaucoup ri chez nous, dans le temps, de la bonne excuse de l'économe infidèle de Vicence. Nous devons cependant reconnaître et dire, à sa décharge, qu'après cette bagarre, il se garda bien de faire, en plein air, aux Italiens, des exhortations patriotiques ou *fervorini*. Il n'a jamais songé à se présenter à la députation, et dans la paisible et riante retraite où il mange les bonnes rentes qu'il est parvenu à se créer par son travail et sa perspicacité, il n'ambitionne pas la présidence de la Chambre des députés. MM. Crispi et Cairoli ne trouveront pas en lui un concurrent sérieux.

Je regrette de ne pouvoir contempler les merveilles d'art que les temples et les palais de Vicence renferment. Mais le temps fuit, le temps qu'on ne peut recouvrer quand on l'a perdu : *fugit irreparabile tempus.*

Les montres marquaient onze heures quand le train arriva à Vérone.

Vérone respire la guerre, les combats, les siéges. Elle est entourée de hautes montagnes déboisées, garnies de canons plus que de chênes et de pins d'Alep, et portant jusqu'aux cieux d'orgueilleuses forteresses. Elle a quelques traits de ressemblance avec Toulon, dont on croit voir le fort Faron, le fort Sainte-Catherine, la citadelle de Six-Fours, sauf le port et la rade, qui ne sont pas remplacés d'une manière avantageuse par l'Adige, fleuve bruyant, tumultueux et pressé d'arriver, qui divise la ville en deux parties inégales par de longs circuits. Des murs épais et bien gardés l'entourent de toutes parts, comme si c'était une capitale de premier ordre. Mais avec Mantoue, Legnago et Peschiera, elle formait autrefois ce quadrilatère imprenable qui était le boulevard le plus sûr de la puissance autrichienne en Italie. Cette raison explique les défenses dont on l'a hérissée.

Les pauvres pullulent à Vérone. Ils vous arrêtent à chaque pas, ils vous barrent le passage, ce qui est un peu incommode en temps ordinaire, mais l'est davantage quand on est obligé de faire vite et que tous vos moments sont comptés. Je demandai la raison d'une telle abondance de pauvres à un vieillard du quartier de Saint-Zenon, qui était assis sur le parapet de l'Adige et regardait mélancoliquement et un peu de travers passer l'eau du fleuve, image de la vie qui s'écoule si rapidement. Il me répondit qu'au temps des *Tedeschi* ce n'était pas ainsi. Les officiers répandaient l'or à pleines mains. Ils faisaient bien quelques petites dettes, mais elles finissaient toujours par être payées. Ne l'auraient-elles jamais été, les logeurs, restaurateurs et fournisseurs, ayant l'habitude, à Vérone comme partout, d'exiger le double de ce qui leur est dû légitimement, si le quart seulement venait à rentrer, c'était encore un quart dont ils bénéficiaient.

— Vous regrettez donc les Autrichiens ? repris-je aussitôt.

— Au-delà de tout ce qu'on peut dire, répliqua-t-il.

— Et l'unité de l'Italie, qu'en faites-vous ?

— Qu'elle s'en aille au diable avec le roi Victor-Emmanuel, son digne fils Humbert *e la Regina.*

— Vous n'êtes donc pas Italien ?

— Non, je suis Véronais. (*Io sono Veronese.*)

Pareille réponse m'a été faite à Venise, à Padoue, à Milan, en wagon, dans les hôtels, partout. Je n'ai pas eu la chance de rencontrer un seul Italien, à l'exception d'un juif que nous prîmes à Verceil et nous suivit jusqu'à Turin. Les juifs sont de très bons Italiens.

Les Piémontais et les sectaires, unis par le *Statuto,* œuvre d'hypocrisie et de mauvaise foi, ont si mal gouverné, que partout le peuple les abhorre et regrette ses anciens maîtres.

Je vois la cathédrale, Sainte-Anastasie et Sainte-Euphémie, d'une architecture massive et peu élégante, mais riches en marbres et en tableaux qui font le plus grand honneur à la patrie de Véronèse.

Mais là où j'aurais voulu passer des heures et des journées entières, c'est à Saint-Zenon, grande basilique lombarde, en pierre calcaire, fondée par Pépin, fils de Charlemagne, qui régna dans l'Italie du nord. La façade est unique au monde, avec ses portes de bronze délabrées, ses arceaux, ses sculptures si originales remontant aux premiers âges de l'architecture chrétienne, et qui, un peu grossières, accusent cependant beaucoup de sûreté chez l'architecte qui les a tracées, chez l'humble ouvrier qui les a exécutées. Son campanile est un des plus achevés de l'Italie. Mais que dire de son sanctuaire et de la vaste crypte qui est au-dessous et où l'on arrive par un escalier large et monumental ? La pierre n'a pas été épargnée. On en a fait une véritable débauche.

Les sculptures sont endommagées, et cette vieille basilique, relique précieuse des temps anciens, aurait besoin de grandes réparations. Cependant, je l'aime mieux telle qu'elle est que réparée par des mains inhabiles et trop modernes, qui voudraient peut-être modifier, retoucher, corriger, c'est-à-dire gâter et peut-être supprimer ce que les artistes et les antiquaires viennent admirer et étudier de tous les points de l'Italie.

Que faudrait-il pour qu'un pareil malheur arrivât ?

Un conseil municipal ignorant et un architecte besogneux sans travail, qui serait le cousin ou le filleul du podestat. Cela suffirait, car cela se voit souvent.

Que Dieu préserve Saint-Zenon, ce riche joyau de l'architecture lombarde, de toute profanation, et dans les temps difficiles où nous vivons, de toute réparation !

Les arènes de Vérone, qui remontent plus loin encore dans la nuit des temps, n'ont pas été respectées.

Cet amphithéâtre, le plus vaste qui soit, après le Colysée, œuvre de l'empereur Auguste, construit en beau travertin violet de grand appareil, pouvant contenir environ 60,000 spectateurs, est aujourd'hui un cloaque. Comme j'en admirais les puissantes dimensions, je vis sortir de l'un de ses larges arceaux deux charrettes chargées d'engrais.

L'indignation remplit mon âme, et je m'éloigne bien vite. Je traverse d'un pas rapide la ville aux rues étroites et tortueuses. Arrivé au marché, je suis étourdi par les cris de deux jeunes Véronais qui se querellent; on accourt de tous côtés et on entoure les deux champions, parvenus en ce moment au ton le plus élevé de la gamme des disputes avec cinq dièzes à la clef. A la fin, le plus échauffé des deux, perdant patience, se précipite sur un banc de boucher, saisit un long coutelas tout dégoûtant de sang et court vers son adversaire; tous les Véronais, saisis d'effroi, prennent la fuite. Je fus entraîné par la foule, sans quoi j'étais menacé d'être pris comme témoin du meurtre qui allait se commettre, et d'avoir à comparaître aux prochaines assises de Vérone, ce qui aurait dérangé tant soit peu mes plans et mes calculs. Mais je ne doutais pas un moment qu'il n'y eût bientôt mort d'homme sur la place du Marché.

Ce grand Véronais, ivre de colère, armé d'un coutelas, avec les manches de sa chemise retroussées jusqu'au coude, comme s'il allait saigner un bœuf, me rappelait le centurion Virginius, plongeant au cœur de sa fille un couteau de boucher qu'il avait saisi près du Forum, préférant la mort de Virginie à son déshonneur.

Je ne sais ce qui a pu arriver. Est-ce Virginius qui a tué son adversaire ou l'adversaire qui a tué Virginius ? Tous les deux vivent-ils encore, et la bataille s'est-elle terminée par une poignée de main et une embrassade ? C'est bien possible. Je prie le premier Véronais qui lira ces lignes de me renseigner au plus vite. Je lui en serai reconnaissant.

Il m'aurait été agréable de voir le cardinal de Canossa, évêque de Vérone, cet illustre descendant de la comtesse Mathilde, aussi dévoué qu'elle à l'Eglise et au Saint-Siége ; mais il n'officiait nulle part, et il eût fallu aller droit à son palais et lui demander audience uniquement pour avoir le plaisir de le voir. C'était un peu impertinent et tout à fait contraire aux convenances françaises et ecclésiastiques. Je quitte Vérone avec le regret de ne pouvoir offrir mon hommage à ce grand évêque.

A une heure a lieu le départ, et nous nous mettons

en route pour Milan, où nous arrivons après avoir
traversé rapidement Brescia et Bergame, nobles et
antiques cités, aux belles églises, aux riches palais,
mais plus célèbres encore, celle-ci par le martyre de saint
Alexandre, qui fut baptisé par notre Lazare, l'ami de
Jésus, celle-là par la mort héroïque de sainte Affre, dont
elle garde précieusement les reliques.

CHAPITRE XIII.

MILAN.

Il est quatre heures ; nous faisons notre entrée à Milan, grande et superbe ville qui fut plus d'une fois la capitale de l'Italie, et mérite de la devenir encore par ses souvenirs, par sa splendeur, par la place qu'elle tient au milieu d'un vaste pays, avec plus de raison que Rome qui ne peut être que la métropole du monde chrétien.

L'Italie une et confédérée, sous l'autorité de ses anciens princes, ayant comme tout l'univers Rome pour capitale religieuse et Milan pour capitale politique, avec un Sénat de rois, de doges, de grands-ducs et de cardinaux, sous la protection de ses deux évêques immortels, saint Ambroise, l'ancien préfet de l'Empire, saint Charles Borromée, le ministre et le neveu d'un grand Pape, c'est le plus beau rêve que l'on puisse faire pour la gloire de l'Italie et pour la paix de l'Eglise.

Quand un nouveau Congrès de Vienne se réunira pour guérir les maux de la Révolution, s'il a à sa tête, comme le premier, des hommes de principes, il rétablira en premier lieu le pouvoir temporel des Papes, puis la République de Venise, avec son aristocratie puissante des Giustiniani, des Pisani, des Morosini, des Foscari, des Contarini, et celle de Gènes, si tant est que les Génois et les Vénitiens optent pour une forme de gouvernement que les fous furieux et les incapables ont décriée de toutes les manières dans ces derniers temps ; puis encore le royaume des Deux-Siciles et de Sardaigne, ainsi que les duchés de Toscane, de Parme et de Modène.

L'Italie, on l'a dit maintes fois, est trop longue pour que le bâton ne se brise pas au milieu. Elle a trop de capitales pour qu'un jour l'esprit de race et de municipalité ne l'emporte pas sur une unité ruineuse et humiliante.

Trois choses attirèrent mon attention à Milan : la galerie vitrée où tous les soirs, hiver et été, le beau monde vient s'ébattre, le dôme et la vieille basilique de Saint-Ambroise.

Le dôme est grandiose. On dirait une montagne de marbre blanc, ou plutôt une pyramide de sel comme on en voit à Hyères ou sur les bords de l'étang de Berre. Je contemple, j'admire, et pourtant je ne suis pas ému comme je l'ai été à Chartres ou à Notre-Dame de Paris. La façade, avec ses fenêtres superposées à anse de panier, est vraiment grotesque. Il faudrait la refaire entièrement, car elle jure avec l'ensemble, et produit la même discordance que l'on remarquerait aujourd'hui dans les modes du premier empire, fussent-elles de satin blanc

ou de taffetas rouge. Les sculptures des murailles latérales, de la toiture et de l'intérieur de la basilique, sont
irréprochables au point de vue de l'art. A chaque pas,
elles vous forcent à crier merveille. Mais comme elles
se ressemblent toutes, ou à peu près, elles deviennent
fatigantes par leur monotonie. Il y a plus de hardiesse,
de génie et de majesté dans le dôme de Florence que
dans celui de Milan. Je n'aime pas non plus ces
grandes portes toujours ouvertes, laissant entrer dans
le temple un jour peu favorable à la prière et au recueillement. Le dôme de Milan a été pour moi une
déception, malgré ses richesses d'architecture et de
sculpture et ses magnifiques vitraux du XVIᵉ siècle, que
j'ai trouvés cependant un peu trop sombres.

Mon admiration tout entière a été pour la vieille basilique de Saint-Ambroise. C'est là que ce grand docteur
de l'Eglise fut élu miraculeusement ; là, qu'avec tout
son peuple, il soutint un siége contre les soldats de
l'artificieuse Justine, qui voulait obtenir de lui une église
pour l'évêque arien Auxence ; là, qu'il convertit
saint Augustin ; là qu'il repoussa Théodose, coupable
du massacre de Thessalonique ; là enfin, qu'il dort son
sommeil de paix, à côté des saints Gervais et Protais,
dont il découvrit et trouva les reliques, et qui viennent
d'être retrouvées d'une manière miraculeuse. Il les aima
beaucoup pendant sa vie ; il leur est uni par les liens de
la charité, même dans la mort. *Ità et in morte non sunt
separati.*

L'architecture de Saint-Ambroise est l'ancienne architecture romaine, formée de voûtes et d'arceaux.

L'atrium est entouré d'arcades qui portent sur de larges piliers. Il remonte, comme le reste de l'édifice, à Théodose-le-Grand et à saint Ambroise. Quelles grandes scènes religieuses et politiques ont vu ces murs vénérables ! L'homme subit l'impression de l'architecture comme celle des autres arts. Il y a toujours foule dans les deux églises de Saint-Ambroise et de Saint-Charles. Dans celle-ci, on va, on vient, on court, on parle, on rit. C'est le marché, c'est la halle aux herbes. Dans l'autre, on tombe à genoux, on médite, on prie, on pleure. C'est le silence du cloître, c'est le recueillement de la maison de Dieu.

La journée a été bien remplie. Il est temps d'aller goûter quelque repos.

CHAPITRE XIV.

MAGENTA. — VERCEIL. — TURIN.

24 avril, mercredi.

Aux premières clartés de l'aube matinale, je suis
sur pied, éveillé par les cloches du dôme qui sonnent
l'hommage à la Vierge et appellent les fidèles à la prière
et au travail.

Je cours une seconde fois à Saint-Charles, et derrière
un pillier, j'admire l'entrée du jour et des premiers
rayons de soleil dans le temple, à travers les rubis et
les saphirs des vitraux étincelants de mille feux,
comme le ciel étoilé pendant la nuit obscure; cette
vue éblouissante me réconcilie avec le dôme.

Le départ a lieu à huit heures. Mon Dieu! quelle
vaste plaine, quelle végétation luxuriante! Faut-il
attribuer cette fécondité au sang versé depuis trois
mille ans?

Je croyais que le sang de l'homme portait malheur,
et que depuis le jour où les montagnes de Gelboé furent
maudites de Dieu, pour avoir été arrosées de sang

humain, la douce rosée du ciel et les pluies bienfaisantes ne tombaient plus sur les champs où tant de milliers d'hommes avaient été massacrés par le glaive des batailles. *Nec ros, nec pluvia veniant super vos !*

Voilà Magenta, où s'est donnée une bataille qui décida du sort de l'Italie et de celui de l'Europe. Un moment les Autrichiens furent victorieux, et Napoléon III, tombé dans une embuscade, allait être leur prisonnier, comme à Sedan il le fut du roi de Prusse. Mac-Mahon accourt bravement au secours de son maître, le dégage, le délivre, et décide du sort de la journée.

C'est Dieu qui voulait éprouver les siens, *ad tempus*, comme du reste il le fait toujours. Il frappe et il afflige pendant un certain temps. Il y a vingt ans que cela dure. L'épreuve de la grande révolution commencée en 1789 ne cessa d'une manière complète qu'en 1814. Pour que la colère de Dieu s'apaise et que l'aire du Seigneur soit purifiée, il nous faudra peut-être attendre la fin d'un jubilé entier de larmes, de tristesses, d'humiliations, de lâchetés et de défaites.

Que Dieu soit béni de tout, et que sa volonté s'accomplisse !

A dix heures, nous arrivons à Novare, où dix ans plus tôt un roi libéral en qui avait mis tout son espoir la jeune Italie, composée de toutes les vieilles barbes de la révolution que l'Autriche muselait depuis 1814, fut vaincu par un général héroïque, Radetzki.

Le soir de la bataille, le roi, tout honteux et accablé

de tristesse, abdiqua et prit la fuite. Il traversa sans s'arrêter le Piémont, la Provence, le Languedoc, l'Espagne, le Portugal, et alla mourir misérablement à Oporto, triste victime de l'ambition et des sociétés secrètes, dont les promesses fallacieuses avaient égaré son esprit et perverti son cœur.

Verceil me rappelle des souvenirs plus doux et plus glorieux. C'est là que dort son sommeil de paix l'infatigable champion de la foi catholique contre les Ariens. Arraché de son siége, Eusèbe subit un long exil dans l'extrême Orient, n'ayant pu être dompté ni par les menaces ni par les promesses de Constance, l'indigne fils du grand Constantin, type de l'hérésie couronnée, haineuse, implacable, perfide. Constance mort, Eusèbe recouvra sa liberté. Son retour fut un triomphe dans les villes qu'il traversa, raffermissant partout la foi des catholiques, et confondant l'hérésie. L'Italie, en le revoyant, quitta ses vêtements de deuil. *Lugubres vestes Italia mutavit.*

Quand est-ce que l'Italie catholique, en proie à la tristesse depuis que son Pontife est captif, prendra encore ses vêtements de fête et entonnera un chant de triomphe ? C'est le grand secret de Dieu. Peut-être nous lutterions avec moins d'énergie, et nos prières seraient moins ferventes, si nous le connaissions.

A Verceil, un vieillard guilleret, au nez crochu, à l'œil noir et brillant, aux doigts crispés, et un peu recourbé sur lui-même, entre dans notre compartiment. Il avait sans doute posé avec un autre devant Horace Vernet, pour son grand tableau de la *Smala*, où l'on remarque un juif sortant d'une tente, un sac d'or qu'il tient sous un bras, comme le vautour serre sa proie. La ressemblance était parfaite. En le voyant, je formai le jugement téméraire qu'il était juif. J'avais bien jugé, comme la suite le prouvera,

Toutes les fois que je regardais une église et son campanile, il souriait malicieusement et il me disait : « Regardez plutôt, regardez donc ces champs de blé, ces prairies, ces rizières, qui sont magnifiques. » Une fois je perdis patience, et je lui dis : « Monsieur le juif, car j'ignore votre nom de famille, si j'avais voulu voir seulement des blés et des fourrages, il en est assez en Provence, et je ne serais pas sorti de mon pays où les prairies et les fleurs abondent. Je suis venu en Italie, non pour voir l'œuvre de Dieu, qui est la même partout, mais l'ouvrage de l'homme qui, suivant les pays, diffère. »

Il avait révélé son antique origine, dès son arrivée, en appliquant les principes de sa race sur les faits accomplis. Debout, au fond du wagon, j'admirai les Alpes, dont la cime couverte de neige étincelait au soleil. Il entre, il pousse ma gibecière, il prend ma place. Tout ce que je pus dire fut inutile. Il fallut se résigner et avoir l'air d'oublier l'injustice et l'affront. Mais après un quart d'heure de silence, j'ouvre ma gibecière et, par un badinage innocent, je m'écrie : « Malheur ! j'ai perdu un billet de cent francs. » Aussitôt tous les voyageurs se levèrent, et mon *Ebreo* le premier, confus de n'avoir pas deviné la présence d'un billet de banque en s'asseyant dessus, comme dans l'antiquité les sybarites devinaient le pli d'une feuille de rose sur les lits moëlleux où ils reposaient leurs membres. Tandis que le juif se démenait pour trouver mon petit trésor, je me glisse entre lui et la banquette, et je reprends ma place, aux applaudissements de l'assistance, qui trouva le tour assez bon.

Tandis que tous les esprits, autour de moi, s'occupent d'une place prise et reprise, autant que l'Italie entière fut autrefois en feu pour *la secchia rapita,* nous arrivons à Turin. Cette ville, à la première vue, n'a pas l'aspect d'une capitale. Elle est bien bâtie. Ses rues sont tirées à l'équerre, mais elles sont étroites. Ses églises sont petites, y compris la métropole, dont la tribune royale elle-même n'a rien de bien princier.

Le palais du roi ressemble à un collége. Combien plus a grand air le *Vecchio palazzo,* qui termine un des côtés de la place *del Castello.* C'est là un vrai palais de roi. Je m'étonne qu'on lui ait préféré l'autre. Ces grandes fenêtres et ces arceaux laissent entrer à flots l'air et la lumière. On respirait à l'aise dans cette large maison, qui abrita les commencements d'une race forte et vaillante, dont les progrès ne se sont jamais ralentis.

Après une prière à la cathédrale, à l'église des Jésuites, à Saint-Thomas, à la *Consolata,* j'ai voulu voir les bords du Pô, ce fleuve impétueux qui charrie à son embouchure une masse incalculable de sable, de limon, de cailloux, et présente l'image de la désolation dans le territoire de Ferrare, qu'il dévaste plus qu'il ne l'arrose. Je me le figurais riant et gracieux à sa source, comme toutes les rivières. Je croyais qu'à Turin les bords étaient fleuris et que sur ses rives s'élevait une forêt de saules, de peupliers, de bouleaux, de frênes, au feuillage touffu. J'y cours. O déception ! je ne vois ni rives verdoyantes, ni allées, ni ombrage. Mais en retour, des lessives innombrables, du linge étendu, des Piémontaises lavant leur linge, et des Piémontais faisant leur sieste, après leur dîner, sur le sable, comme les crocodiles sur les rives du Nil.

Je me hâte de fuir, et j'arrive à temps à la gare pour partir à deux heures.

La plaine que traverse le chemin de fer de Turin à Savone est riche en humus, comme toutes les plaines qui s'étendent aux pieds des montagnes ; les rochers se dépouillent pour les enrichir.

Voilà Brà, petite ville célèbre par un sanctuaire miraculeux, dédié à la Vierge sous le nom de Notre-Dame des Fleurs. Jamais nom n'a été mieux porté.

Il y a deux siècles, une jeune fille revenait des champs, après le travail de la journée. Elle était belle et pure. Des libertins, la voyant seule, se mirent à sa poursuite. La crainte doublant ses forces, un moment elle crut pouvoir se dérober à leur fureur. Tout-à-coup elle entend le bruit de leurs pas et leurs cris impies. Elle est perdue. Du moins elle l'aurait été, sans le secours de Marie, qu'elle invoqua par une de ces prières qui touchent son cœur. La Vierge puissante entendit le cri déchirant de la jeune fille. Elle fit sortir autour d'elle un bosquet de verdure et de fleurs qui l'enveloppa de toute part et la mit à l'abri des poursuites.

Voulant perpétuer le souvenir de ce miracle, les habitants de Brà élevèrent un sanctuaire près du bosquet. On voit encore l'un et l'autre aux environs de Brà. De quelle nature est l'arbuste formant le bosquet et quelles sont les fleurs qu'il produit ? Nul ne saurait le dire. Si on essaye de planter ailleurs des boutures, elles prennent, se multiplient, mais ne font pas de fleurs. Le bosquet miraculeux lui-même n'en a pas toujours. On m'a raconté que, l'année dernière, les fleurs ont été rares, ce qui a été considéré comme un signe de la colère de Dieu. Le présage n'a pas été trompeur. De violents orages sont venus tomber au mois de mai sur les plaines de la Haute-Italie et du Piémont, qui ont été inondées, et les récoltes perdues.

J'avais pris la voie qui vient aboutir à Savone, de préférence à l'autre, afin de prier au sanctuaire de Notre-Dame de Bon-Secours, où se trouve la statue vénérée que Pie VII, suivi de tout le Sacré-Collége, vint couronner lui-même après sa délivrance miraculeuse. Il est dix heures quand nous arrivons à la station désignée sous le nom de sanctuaire de prédilection : *Il Santuario*. Ne sachant où descendre, à cette heure avancée, je continuai à regret ma route vers Savone, non sans adresser à la Vierge auxiliatrice, pour moi, pour les miens, pour la France, pour l'Eglise, mes plus ferventes prières. Une faible lumière brillait là-bas, à cette heure tardive, au milieu de la nuit la plus sombre. Un jésuite de Gènes, qui voyageait avec moi, me dit que c'était celle du sanctuaire vénéré.

Il me semblait voir l'étoile du matin qui brille au

milieu des ténèbres, devançant le lever du soleil et celui
de l'aurore elle-même, guidant le voyageur égaré qui
ne sait plus, au milieu des ténèbres épaisses qui l'environnent, de quel côté il dirigera ses pas et où se terminera son voyage.

CHAPITRE XV.

SAVONE. — LA RIVIÈRE DE GÈNES.— MARSEILLE.

25 avril.

C'est aujourd'hui la fête de saint Marc. Je dis la
messe à la cathédrale où, par une attention délicate,
on m'a réservé le grand autel. La procession du chapitre et du clergé des quatre paroisses de Savone.a par-
couru la ville. Que les saints invoqués aujourd'hui
par les chrétiens de tout l'univers, avec tant de foi,
accourent à notre secours ! Que Dieu tout-puissant
garde le seigneur apostolique et tous ceux qui ont un
rang dans la hiérarchie sacrée ! Puisse-t-il humilier
profondément, et bientôt, les ennemis de la sainte
Eglise !

La cathédrale de Savone est gracieuse avec ses
peintures, ses dorures, ses tableaux et ses inscriptions
monumentales. Son chœur à demi-circulaire est tout-
à-fait bien conçu. Dans la nef latérale de droite, sous
la voûte, est la tribune basse et obscure où Pie VII
venait entendre chaque jour la messe et adorer le
Très-Saint Sacrement.

J'ai vu sa prison, c'est-à-dire le palais épiscopal où, pendant trois ans, ce doux pontife fut retenu prisonnier. On le sépara de ses cardinaux, de ses prélats, de ses secrétaires. Il fut laissé seul en face de lui-même; tout rapport lui fut interdit avec l'Eglise universelle, qui ne cessait pas de prier pour lui, comme au temps de saint Pierre. La prison du premier Pape fut de courte durée. Celle de Pie VII se prolongea l'espace de trois ans. On ne tortura pas son corps, mais son âme. On lui fit subir toutes les souffrances morales que l'homme peut endurer, depuis l'isolement et l'abandon le plus entier, jusqu'aux anxiétés de la conscience, dont osèrent se faire les perfides instruments les évêques que le concile de 1811 députa vers lui.

Le martyre des prisons, de l'exil, des mines, du chevalet, du glaive, est connu. Personne ne pourra dire ce qu'est le martyre administratif, et quelles angoisses font endurer au ministre de Jésus-Christ les chefs laïques qui ont pouvoir sur lui, quand il refuse d'être l'instrument de leurs passions et de leurs intérêts, le complice de leur impiété et de leur haine. Mensonges, calomnies, impostures de toute sorte, hypocrisies, tracasseries de tous les jours et de toutes les heures, rien n'est oublié pour tourmenter leur victime. Ils procèdent par rapports et par enquêtes. Leurs moyens sont la bassesse, le parjure, la trahison.

Pauvre Pape qui a passé par ces tribulations! Le palais épiscopal était une prison véritable. Il est situé dans une rue étroite, contre un des murs de la cathédrale, à la manière des presbytères de campagne. Point de jardin, point de cour spacieuse où l'on puisse respirer librement. Des fenêtres on n'a aucune vue sur la campagne ou sur la mer, qui puisse un moment reposer l'esprit et dilater le cœur.

Qui sait si l'empereur, dans une perfidie satanique, n'enferma pas sa victime dans ce cachot étroit pour affaiblir peu à peu sa grande âme, et l'amener à faire toutes ses volontés ?

Dieu qui voit le fond des cœurs et connaît les plus secrètes pensées, aura été pour Napoléon un juge sévère, en souvenir des tortures morales infligées à Pie VII dans sa prison de Savone.

La vue du port et de la mer repose mon âme de ces tristes pensées.

Mon Dieu, que ce ciel est pur, que ce soleil est splendide ! Comme cette mer est azurée et tranquille ! Quel effet ravissant produisent dans le paysage ces barquerolles qui fendent les flots au-delà du port, enflées par le vent léger qui pousse leurs voiles, et ces deux tartanes aux bords élevés qui viennent d'arriver, avec leurs grandes voiles latines toutes déployées, et sont amarrées au quai, à côté l'une de l'autre, comme deux sœurs. Joseph Vernet doit avoir fait à Savone un long séjour, car toutes ses barques et ses marines, ses nuages au ciel, et l'azur de ses mers rappellent cette gracieuse petite ville.

A neuf heures, la vapeur m'entraîne vers la France. Voilà encore les bords verdoyants de la rivière de Gènes, et les riches vergers d'oliviers qui s'élèvent en amphithéâtre sur le flanc des montagnes, couvrant la terre d'une ombre printanière, douce comme l'air qu'on respire sur cette côte, pure comme l'azur de son ciel. C'est avec raison qu'on lui donne le nom de rivière de Gènes. Les flots de la mer viennent caresser le rivage comme les eaux d'un fleuve. On entend du chemin leurs clapotements mélodieux. Il semble qu'elles s'écoulent le long du rivage plutôt qu'elles ne le couvrent de leur écume.

Après des regards attendris jetés rapidement sur Albenga, Oneglia, Port-Maurice, San-Remo, Bordighiera, Vintimille, Monaco, Nice, Antibes, Cannes, brillants ornements de la côte de Provence, la plus gracieuse et la plus variée qui soit dans l'univers entier, comme au temps des Césars, Pouzzoles, Pompeï, Stabia émaillaient la côte de Baïes et de Sorrente, j'arrive à Marseille avec la nuit, ressentant la fatigue d'un voyage long et difficile, mais éprouvant des joies et nourrissant des espérances que rien, depuis dix-huit mois, n'a pu affaiblir.

CHAPITRE XVI.

NOTRE-DAME-DE-LA-GARDE.

3o avril.

En quittant Goritz, je promis une prière pour des intentions augustes au sanctuaire vénéré de celle qui, du haut du ciel, mieux encore que de la sainte montagne, garde Marseille et tous ceux que cette ville renferme dans ses murs. J'ai tenu ma parole, et le mercredi 3o avril, à huit heures précises, j'ai monté à l'autel, au milieu d'une assistance nombreuse initiée à mon secret. Tous ceux qui étaient là priaient pour la France, pour le chef que Dieu lui réserve dans l'exil et pour son auguste compagne.

Le *memento* des vivants a été long. Après les prières de remerciement sont venues les demandes. Celui qui du haut du ciel lit au fond des cœurs, a connu la prière solitaire que j'ai fait monter vers son trône adorable. Au moment du salut, je me suis tourné vers Goritz, là-bas, au-delà des mers, derrière les vastes plaines et les montagnes, et tenant dans mes mains tremblantes le Dieu de Clotilde, de Charlemagne et de saint Louis, j'ai béni ceux que la France catholique attend avec impatience.

Que la Vierge fidèle et pieuse qu'on n'implore jamais en vain, exauce les prières ardentes qui lui furent adressées ce jour-là dans son sanctuaire. Qu'elle sauve, qu'elle délivre la France et l'Eglise unies dans une même infortune, en proie aux mêmes douleurs, subissant les mêmes humiliations et les mêmes défaites. Puissent-elles remporter ensemble, et bientôt, la même victoire sur leurs ennemis communs et entonner le même chant de triomphe !

TABLE DES MATIÈRES

Marseille. — Imp. E. Jouve et Cⁱᵒ, rue Montgrand, 36.